中国青少年百科全书

彩图版

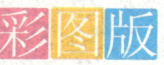

黄　炜◎主编

动物植物百科

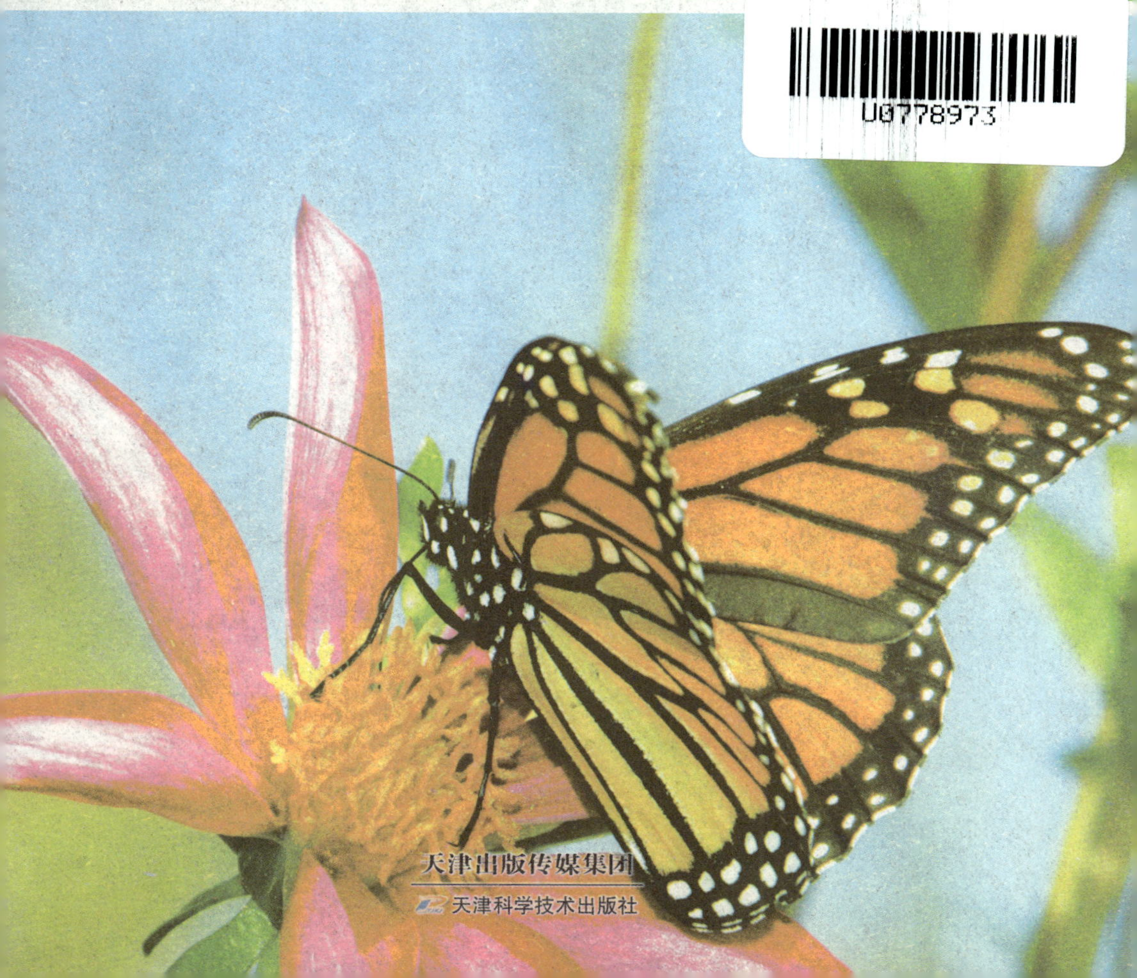

天津出版传媒集团
天津科学技术出版社

前言

动物和植物是大自然的两个基本组成部分,动物赋予大自然生机和活力,植物则赋予大自然鲜艳的色彩。无论是动物还是植物,都经历了漫长的演化过程,在这个过程中,适应自然环境的物种纷纷保留了下来,不适应的则逐渐灭绝。

动物作为人类的好朋友,它们的足迹遍布世界各地。它们让我们的生活更加丰富精彩,也维持着大自然的生态平衡。而植物作为生态系统中不可缺少的组成部分,凭借自身的结构,它们扎根在大地上,点缀并守卫着大地,不让大地受到沙漠的侵袭。同时,植物还是动物主要的食物来源,动物们从植物身上得到需要的物质,同时呼吸着植物产生的氧气。动物和植物相互依存,相互发展,推动着自然界不断前进。

在本书中,我们将动物和植物分为两大部分,动物部分从动物的身体、动物的生存之道以及动物的行为和情感几部分讲述动物世界的奇妙;植物部分则从植物的分类、植物的结构、植物的功能以及千奇百态的植物等几个方面讲述多姿多彩的植物世界。

全书简练的语言风格会使您的阅读更加轻松自如,丰富的知识能开阔您的视野,同时,生动的图片更能加深您对知识点的印象。相信读完本书,你会感觉好像轻轻松松地在动植物的王国中遨游了一番。

奇妙的生命圈
动物王国

8　生命精灵——什么是动物
10　多种多样——动物的分类
14　习性各不同——陆生和淡水动物
16　蓝色世界——海洋动物
18　大自然的杰作——动物的身体
22　功能各异——尾巴
26　锋利的武器——脚爪
28　多彩的衣服——毛发
30　身体的指示——体温
32　长短不一——寿命

适者生存
动物的生存之道

36　温馨的家——居住
38　抵御严寒的方法——冬眠
40　逐水草而居——迁徙
42　大自然的奇迹——伪装

44　毛皮的作用——御寒
46　度过酷热的夏天——避暑降温
48　动物的智慧——适应环境

存在即合理
动物的行为

52　生存的绝技——避敌
54　获得食物的方法——捕食
56　休息的时刻——睡觉
58　动物的"语言"——交流
60　集体的力量——集群
62　动物的天敌——相生相克
64　动物之最——动物界的吉尼斯

交流的产物
动物的情感

68　舐犊情深——亲情
70　选择新朋友——友情合作
72　动物的浪漫——求爱
74　辛劳的动物父母——繁殖

76　奇特的宝宝——形形色色的蛋
78　快乐的童年——动物宝宝

植物王国的成员
植物的分类

82　大自然的生产者——什么是植物
84　不结种子的植物——孢子植物
86　裸露着种子的植物——裸子植物
88　地位最高级的植物——被子植物
90　无根的植物——苔藓植物
92　最古老的植物——蕨类植物

植物的身体
植物的结构与环境

96　地位最高级的植物——根
98　植物的运输通道——茎
100　植物的"绿色工厂"——叶
102　植物的"后代"——果实和种子
104　生命的延续——种子传播的奥秘
106　多彩多姿——世界各地的植物
110　千奇百怪——热带雨林植物

为人类服务
植物的功能

114　植物中的栋梁——木材植物
116　不可或缺的植物——油料植物和纤维植物
118　健康的保证——蔬菜植物
122　清甜可口——水果
124　人工培育的植物——栽培植物
126　美的享受——观赏植物

缤纷的植物王国
千奇百态的植物

130　与众不同——食虫植物和寄生植物
132　植物界的"杀手"——有毒植物
134　自我保护——植物的防卫与伪装
136　国家的代言——国花和国树
138　植物最美的部分——花
140　美好的象征——花卉拾趣
142　植物之最——植物界的吉尼斯

奇妙的生命圈
动物王国

在地球上，大自然用自己的智慧创造了无数的奇迹，而动物堪称大自然中最杰出的作品之一，形态各异的动物组成了奇妙的生命圈——动物王国。在这个王国里，无论是庞大的还是渺小的，温顺的还是凶猛的，珍贵的还是平凡的，所有一切的生命都遵循着适者生存的自然法则，用不同的生活方式给这个庞大的动物王国带来生机和活力。

生命精灵——什么是动物

在这个世界上有着各种各样的动物。但是动物到底是什么，生物学家认为动物是一种不会自己生产养料的生物，它们有着比较完整的感觉系统，要四处寻找食物，只有吃下食物并消化，才能获得自身需要的养料。我们平常所见的鸟类、昆虫、家畜和宠物，等等，都属于动物。

动物世界的雄性之美

女性代表着人类的世界美，然而在动物界，雄性却往往比雌性要"漂亮"得多。看看草原上奔跑的狮子和丛林中优雅的孔雀，我们不难发现，雄性动物大多都具有漂亮的毛发或羽毛，这是雌性很少具备的。雄性动物鲜亮的外表有一个最大用途，那就是吸引雌性。

在海滩的沙洞里孵化的小海龟出壳以后，就会爬出沙洞，回归大海。这个旅程充满了危险，只有不到1/10的小海龟能从沙洞爬到大海里。

动物的繁殖方式

动物最主要的繁殖方式是卵生和胎生，鱼类中的大部分、两栖类、爬行类以及鸟类都是卵生繁殖的。除鸭嘴兽之外，所有的哺乳动物都是以胎生繁殖后代的。

动物和气候的关系

动物的生活会受到气候变化的影响。有些动物只能在夏天见到，比如蝉；有的动物则需要根据气候的变化进行迁徙，主要代表为候鸟；有的动物因为自身无法调节体温，在寒冷的冬季还要躲起来睡大觉，俗称"冬眠"。

一到夏天，从高高的树梢上便会传来此起彼伏的蝉鸣。

在冬季要到来时，棕熊会把自己吃得胖胖的，以度过又寒冷又饥饿的冬天。

适者生存

从进化史来看，动物界有一个一成不变的法则，那就是适者生存。动物界是一个弱肉强食的世界，如果没有独到的生存绝技，只能成为其他动物的美餐。当一种动物的数目减少到一定程度时，便会面临灭绝的危险。在大自然严酷的竞争下，为了生存，几乎所有动物都有一套自己生存或自卫的绝技。

生命的延续

蜉蝣

动物的寿命没有一个固定期限，和人一样，都会受环境影响。寿命最短的动物是蜉蝣，只能活几小时或数天，因此有"朝生暮死"的说法，它们活着的唯一目的就是为了交配，因为只有这样才能将生命延续下去。

动物和人类的关系

动物对人类来说具有很重要的价值，我们所吃的肉类来源于动物，制造皮鞋的皮革和制衣的羊毛也来源于动物。从整个进化史来看，各类动物都比人类出现的要早，人类是目前动物进化的最高阶段，没有动物就不可能有人类，离开了动物，我们人类就无法生活。

多种多样——动物的分类

根据体内有无脊椎,我们将动物分为脊椎动物和无脊椎动物两大类。无脊椎动物虽然占世界上所有动物的90%以上,但我们所熟知的动物(除昆虫外),大部分都是脊椎动物,其中包括鱼类、两栖类、爬行类、鸟类、哺乳类共5大类。

蓝鲸

哺乳动物的特征

哺乳动物最典型的特征是胎生和哺乳。我们身边最常见的猫、狗是哺乳动物,动物园里的老虎、大象是哺乳动物,在天上飞行的蝙蝠、在海里游泳的鲸也是哺乳动物。

北极熊

我们都知道,北极熊生活在寒冷的极地,堪称极地霸主。为什么它比起普通的熊类能忍受如此寒冷的气候环境呢?原来它们依靠的是身上厚厚的脂肪和皮毛。大多数生活在极地的动物都具有这个特性,因为只有靠脂肪才能维持的体温,使它们能够自由自在地在冰天雪地里生活。

最大的哺乳动物

蓝鲸被认为是世界上最大的哺乳动物,体长24～34米,体重150～200吨,相当于2 000～3 000个人重量的总和。

蜥蜴

蜥蜴家族是爬虫类中最大的群体，约占全世界所有爬行动物的一半以上，它们大多是肉食动物，只有极少的一部分为植食动物。蜥蜴是现存动物中与恐龙最相像的，它们奇特的外形非常吸引人。我们常见的壁虎就是蜥蜴的一种。

最大的爬行动物

咸水鳄是现存最大的爬行动物，体长可达7米以上。这种鳄鱼具有适应高盐度水质的生理结构，因此得名。咸水鳄小时候一般以昆虫、两栖类、甲壳以及细小的爬虫为食，长大后则常捕食比自身更庞大的动物，如水牛等。因为咸水鳄曾有过食人，甚至袭击船只的记录，因此被称为"食人鳄"。

袋鼠

袋鼠是澳大利亚最高大的动物，它看似温文尔雅，实际上强悍好斗。袋鼠以胸前的大口袋，也就是育儿袋而著名。只有负责生育的雌袋鼠才有育儿袋，小袋鼠在里面吃奶、睡觉和玩耍，直到它们长大能够独立生活为止。

会放电的鱼

有一种会放电的鱼类，能输出300～800伏的高电压，这就是电鳗。电鳗的身体细长，呈圆柱状，皮肤是灰褐色的，没有鳞片。电鳗被称为"水中发电机"，可产生电流，麻痹猎物，然后将猎物成功捕获。

凶残的食人鱼

在亚马孙河流域,生活着一种体型不大的鱼,它们聚集起来往往能在几分钟之内就将一头牛啃得只剩下骨头,这种鱼被人们称为食人鱼。食人鱼具有锋利的牙齿和强壮的下颚,能轻易咬断钢制的鱼钩或木板,不过它们只有在聚集成群的时候才所向披靡,一旦落单,便会变成"胆小鬼"。

食人鱼长着三角形牙齿,比剃刀还锋利。

最小的鸟类

蜂鸟是世界上已知最小的鸟,只有黄蜂那么大。尽管体型小巧,但每只蜂鸟都是飞行高手,可以表演各种飞行特技。蜂鸟主要以花蜜为食,偶尔也吃些小昆虫和小蜘蛛等。

最大的鸟类

鸵鸟是世界上最大的鸟类,身高2~3米,虽然属于鸟类,但鸵鸟的翅膀已经丧失了飞行能力。不过没关系,它跑起来的速度可是非常快的,可达每小时72千米。

蟾蜍

蟾蜍也就是癞蛤蟆,它是两栖动物的代表,因为身上皮肤疙疙瘩瘩,非常丑陋,所以被称为癞蛤蟆。不过你别看它长得丑,却和青蛙一样是能干的捕虫能手呢!而且蟾蜍的耳后还能分泌一种叫蟾酥的有毒物质,能对像狗这样的动物产生作用。

蝾螈

蝾螈是一种一生都长有尾巴的两栖动物。它的身体是圆筒形的，皮肤光滑而具有黏性。蝾螈大都具有鲜亮的色彩，这并不是为了装饰，而是用于警告来犯的动物它们有毒。中国大蝾螈体型最大，体长可达 1.5 米。

有趣的低级动物

海星是一种低级动物，当它们被敌害捉住时，会来个"自断术"，将身体一下子分裂成两半，一半留下，那脱走的一半，以后还会长出失去的部分来。海星只要还剩下一个瓣，不久就又恢复原样了。

海星的五条触角被称为腕足

蜻蜓

蜻蜓长着一双比头还大的眼睛，上面有近三万个小眼睛，因此它们拥有良好的视力，能看到 10 多米以外的猎物。依靠独特的条件，蜻蜓每天要捕食 1 000 只蚊子、苍蝇、蝴蝶之类的小虫，是名副其实的捕虫专家。

蜻蜓有一对庞大的复眼

习性各不同——陆生和淡水动物

大象、猎豹、狮子、熊等动物都生活在陆地上，称为陆生动物；肺鱼、鲶鱼、鲤鱼等鱼类则大多生活在淡水中，称为淡水动物。陆地动物主要用肺呼吸，而生活在水中的鱼类则大多数用鳃呼吸，不同的生活环境形成了动物们独特的生活习性，也使动物分化出不同的种类。

环斑海豹

环斑海豹生活在贝加尔湖，是世界上独一无二的淡水海豹。它们生性胆小，视觉和听觉异常敏锐。除了到水面换气之外，环斑海豹大部分时间都潜在水里，是有名的潜水能手，能潜 40～68 分钟。

最大的陆生动物

非洲象是陆地上最大的动物。它的耳朵长达 1.5 米，在炎热的天气能起到散热的作用。非洲象的嗅觉非常灵敏，最远能闻到 1 000 米以外的异常气味，长鼻子还是它的御敌武器，能将"敌人"卷起，抛向天空，落地后再用脚踩死。当然，在它洗澡的时候还能用长鼻子作"淋浴器"呢！

肺鱼

大多数鱼都是用鳃呼吸的，但肺鱼却是个例外，因为肺鱼既可以用鳃呼吸，也可以用肺呼吸。当干旱季节到来的时候，肺鱼喜欢将自己隐藏在淤泥当中，为自己构筑一个"泥屋"，这样就能使它的身体一直保持湿润，从而顺利地度过旱季。

棕熊

棕熊看上去肉墩墩的显得很笨拙，但它却是非常凶猛的动物。棕熊的嗅觉非常灵敏，奔跑、爬树、游泳可说是样样在行。它们的胃口很大，什么东西都吃，饥饿的时候甚至会从狼的口中夺食。

棕熊

猎豹

猎豹是陆地上跑得最快的动物，它那细长的身体，灵敏的头部和有力的后肢，仿佛就是为速度而生，同时猎豹的爪子就像运动员的钉鞋一样，能在奔跑的时候紧紧抓住地面。因为猎豹从不吃不新鲜的东西，因此它的嗅觉非常灵敏，只要闻一闻就知道食物是否新鲜。

鲶鱼

鲶鱼有扁平的头和阔大的口以及数条像猫的胡须一样的长长的触须。你可别以为它的触须只是个装饰品，这可是它们在水底活动的"探路仪"，鲶鱼就是依靠它的触须来辨别味道和捕食的。

停在石头上的鲶鱼

蓝色世界——海洋动物

辽阔的海洋是动物们栖息的天堂，无数千姿百态的可爱生命在这个蓝色的世界里生存繁衍。它们有些生活在岸边，有些则生活在深海里；有些必须到水面上来呼吸空气，有些却能够直接从水中获得维生的氧气。无论庞大或是渺小、美丽或是平凡，它们的存在都让海洋这方生息之地显得有声有色。

海豚

海豚是一种非常聪明的动物，讲究团结合作，当危险来临时，海豚会发出超声波告知同伴。同时海豚还是大海里的"救生员"和"警察"。在同伴受伤时，海豚会将它背在背上加以救助；有时它们还成群地驱赶凶猛的鲨鱼，不辞辛苦地保护遇难者，还会将落水者驮到岸边。

海豚不仅聪明伶俐，还非常热心，是海洋中的救生员。

弹涂鱼

弹涂鱼是一种非常奇特的鱼类，它可以同时适应水中和陆地上的生活。尽管弹涂鱼的身长不过10厘米，但它们在陆地上捕食时，猛力一跃，可以跳出30厘米远！弹涂鱼跃起来时，全身的鳍都会像翅膀似的张开，这样，它还可以再滑翔一段距离。

寿命最长的动物

俗话说："千年王八万年龟"，可见，自古以来人们就把乌龟当作长寿的象征，不过乌龟到底能否活一万年，至今还没有什么可靠的依据。据《世界吉尼斯记录大全》记载，海龟的寿命最长可达152年，是已知寿命最长的动物。

一般野生的龟寿命是 30～60 年，不同种类的龟寿命也不一样，一般说来大型龟比小型龟寿命长，水龟比陆龟寿命长。

七彩神仙鱼

在各种热带观赏鱼中,七彩神仙鱼的外表格外显眼。它周身镶着美丽的花边,扁圆的身子由红、黄、蓝、绿几种基本颜色构成,外表显得雍容华贵。它们经常摆动着扇形的尾巴悠然自得地游来游去,因此人们给它冠以七彩神仙鱼的美称。

会喷墨的动物

章鱼是软体动物,在它头部的周围有8条腕(触角),腕上长有数百个吸盘,吸盘的四周还有一圈锐利的牙齿。章鱼长着大而圆的眼睛,身体的前方还有一个独特的装置——漏斗。它们借助漏斗喷水时的推动力在海底任意行动。另一方面,当章鱼面临敌害时,体内墨汁囊中的墨汁会从漏斗中喷出,此时,它就能趁着墨汁的掩护逃之夭夭了。

类似植物的珊瑚

珊瑚的外观如同植物,而美丽的珊瑚礁看上去更像一个色彩绚丽的花园。它的颜色鲜艳明亮,样子又与灌木丛一般,上面甚至还寄居有黑蛤蜊和蜗牛。但实际上它们却是地地道道的动物,与海葵同属腔肠动物中的花虫类。

大自然的杰作——动物的身体

自然界的动物们都具有各自的生存绝技,要施展这些绝技势必得依靠它们身上灵敏的感觉、听觉或视觉器官,比如鹰的"千里眼"、蝙蝠的"超声波"耳朵、火烈鸟的"过滤嘴",这些独特的身体结构有的是天生的,有的则是后天经过严酷的生存竞争磨炼形成的。

动物王国里的"千里眼"

视力的发达程度取决于视网膜上视神经的多少。鹰的视网膜上每立方厘米约有150万个锥状细胞,而人眼里只有20万个。鹰在离地面1千米以上的高空中翱翔,也能清楚地看到地面小动物活动的情景,堪称动物中的"千里眼"。

灯笼一样的眼睛

昆虫的眼睛非常之多,蜻蜓头上像灯笼一样的眼睛是由许多六角形的小眼组成的,这些小眼称为复眼。这些如同蜂窝般连在一起的复眼,能把所有小眼看到的形象汇集起来,形成一幅完整的画面,还能观察距离较远的物体并辨别方向。蜻蜓的每只复眼由10 000～28 000个小眼组成。

会过滤的嘴巴

火烈鸟大弯钩一样的弧形嘴巴,可以像筛子那样用来过滤水中细小的食物。它用舌头把水向外挤,水流出去了,美食就留在了嘴边缘的小锯齿上,火烈鸟只需往下咽就行了。

蝙蝠的耳朵

蝙蝠的耳朵圆圆的,与身体相比显得很大。蝙蝠飞行时,耳朵像两只喇叭口,能接收口中发出的超声波,耳朵上的毛还能觉察到轻微的震动,比蜗牛的触角还灵。

最大的哺乳动物耳朵

哺乳动物当中,非洲象的耳朵是最大的,上下可长达1.5米,大小跟床单差不多。所以,它们的听力都特别好,能够听到在数十千米以外的声音。

发达的内耳

蛇的头部既没有耳朵,也没有耳孔和中耳,因此靠空气传播的声音是听不到的。但蛇有发达的内耳,只要地面上稍有动静,声音就会通过它紧贴地面的肋骨,再经过头部骨骼传到内耳,并能迅速作出反应。

蛇的耳朵已经退化了,完全没有外耳,因而蛇完全没有听觉,它只对外界的震动很敏感。

深海里的利眼

海豹的眼睛大而有神,晶状体很大,近似球形,便于接收大量的光线。它眼睛的外层还有透明的膜,既能保护眼睛,又可提高视力。海豹的视网膜还有褶皱,使眼球的容积能随水压变化而改变,有利于在深水中看清其他动物的行踪。

苍蝇的嘴巴

苍蝇的嘴巴前端,有一片蘑菇状的嘴唇,吃东西时嘴唇紧紧贴在食物上,舐吸食物表面的汁液。碰到干燥食物时,它还会先吐出唾液,把食物溶化湿润后,再舔舐,这种嘴巴叫舐吸式口器。

大象在60岁左右会长出最后一个白齿,此后就不再换牙了。

"森林医生"的舌头

啄木鸟的舌头又长又细,上面生着倒刺,它用凿子似的喙凿开树干上的蛀孔,而后把舌头伸进去,将蛀虫一只只地钩出来,即使是躲在树干深处的蛀虫也无一漏网。

超过体长的舌头

变色龙的舌头完全伸展时,甚至会超过其身体的长度,一瞬间,它那快速而有力的舌头便可将猎物捕获,然后,长舌又能像"卷棉被"般地卷回嘴里。

变色龙的舌尖带有黏液,一旦发现猎物,它就会飞快地将舌头吐出去,一下把猎物粘住。

可灭火的唾液

蚂蚁唾液可用来灭火。法国一动物学家曾对蚂蚁做了一次有趣的实验,他将一支点燃的蜡烛放入蚂蚁窝中,于是所有蚂蚁急速冲向蜡烛,一同向蜡烛喷洒唾液来灭火。

海象的长牙

海象的长牙是确立它们在群体中地位的标志,牙齿越长就说明它们越强大。此外,长牙还可以作为海象的第五个肢体,帮助它把沉重的身体拉到浮冰上。有时,锐利的牙齿还能用来刺破冰洞。

海象的名字来源于它的牙齿。因为它长着两根尖尖的长牙,形状很像大象的象牙,所以人们就把它叫作海象了。

从牙齿看年龄

麋鹿的牙齿里藏着年龄的秘密。它前齿齿根上的圈,就像树的年轮一样,一圈代表一岁。麋鹿的平均年龄只有五六岁,只有个别的能活到20岁。

兔的牙齿只有门牙和臼牙

功能各异——尾巴

世界上大约生活着150余万种动物，动物身上大多都长有一条形状各异的尾巴，有的长，有的短，有的粗，有的细，有的弯，有的扁……尾巴对它们来说都是必不可少的。不同动物的尾巴有着不同的功能，有的用来飞行，有的用来游泳，有的用来平衡，有的当做武器，有的当做储存库，还有的是传递信号的工具……不知道动物一旦失去了尾巴，将会给它们的生活带来怎样的麻烦和灾难！

可以表情的尾巴

狗通常用尾巴来表达情感。当它的尾巴高高翘起和拼命摇动时，就表示"高兴"；如果它的尾巴往下垂，就表示"危险"；有时，它把尾巴夹在两腿当中，代表了心中感到"害怕"。

虾有一对扇形尾节，既可以掌握身体平衡，又可以在遇到危险时帮助它们逃跑

长尾猴的尾巴里有一条特殊的静脉，能将体内产生的热量迅速地散发出去，所以，大热天它总爱摇摆自己那条长长的尾巴

鸟的尾巴在飞行时起着舵的作用。在鸟的尾巴上,长着又长又宽的羽毛,展开时好像扇子,能够灵活转动,便于掌握飞行方向

爬行好帮手

家鼠的尾巴是爬行的好帮手,可以帮助它沿着墙壁从这儿爬到那儿,它甚至还能用尾巴勾出瓶子中的糖浆或奶油,然后收回尾巴品尝这些美味佳肴。

可以当"手"的尾巴

生活在美洲热带森林中的蜘蛛猴,有一条灵活的长尾巴,它能牢牢地抓住树枝,而使手脚空出来做许多事情,因此,人们都把它的尾巴叫做"第五只手"。

得力的捕食工具

尾巴是鳄鱼最得力的捕食工具,当它见到猎物在河边饮水时,只需用尾巴一扫,就能把猎物打落水中。

鳄鱼的尾巴是相当危险的"重型武器"

狐猴的尾巴

狐猴的尾巴是"仓库"。在食物丰富的雨季,它们就在尾巴里储存起大量营养品;在食源缺乏的旱季,它们就靠消耗尾巴里储备的营养来度日。

响尾蛇的尾巴末端有几个角质环,环里面是空的。当尾巴剧烈摇动时,空泡内形成一股气流,气流一进一出,反复振动,就会发出一阵阵响声来

多功能的松鼠尾

松鼠有一条多功能的大尾巴:睡觉时,可以当成暖和的被子;从树上跳下时,它又有降落伞的作用;淌水时,用树皮当船,尾巴就成了帆和舵;要是遇见敌人,甩动大尾巴打过去,敌人往往无法招架。

有毒的尾巴

蝎子的尾巴有毒刺,里面含有一种腐蚀性的强酸液体,是一种非常厉害的自保武器。一般来说,蝎子尾巴的粗细与它的毒性成正比。蝎子只有在受到威胁的时候才会使用毒尾,通常它是不会主动出击的。

松鼠蓬松而多毛的大尾巴

可以辨别雌雄的尾巴

蝴蝶鱼的尾鳍呈圆形,我们可以从它们的尾鳍分辨出雌鱼和雄鱼。从尾部看,雄鱼构成尾鳍的鳍膜比较短,鳍条突出,形成长须的形状,而且它们体色较深;而雌鱼的尾巴上则有明显的不规则的花纹。

像脑袋的尾巴

粗尾石龙子是蜥蜴的一种,它的尾巴又粗又短,形状和它的脑袋很相似,要是它的嘴巴闭住的话,它的敌人会因为弄不清哪是头哪是尾而无从下口。

蜻蜓和其他许多动物不一样,它的卵是在水里孵化的,幼虫也在水里生活,所以,它用尾巴点水实际上是在产卵

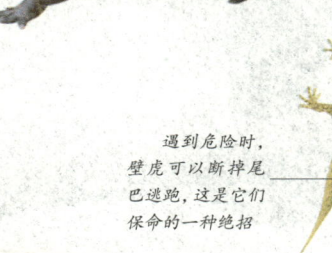

河狸的扁尾

河狸的大尾巴覆盖着角质鳞片,又宽又扁,跟"船浆"一样起着舵的作用。此外,它的扁尾巴还是一个秋冬季储藏脂肪的"仓库",到夏天又是可以分散体温的"散热器",真是一举几得。

遇到危险时,壁虎可以断掉尾巴逃跑,这是它们保命的一种绝招

马尾巴的功能

在奔跑时,马向后飘逸的尾巴起到了很好的平衡作用。平时,马将尾巴当作"苍蝇拍",左抛右甩地驱赶对它发起攻击的蚊子、牛虻和马蝇。

可以报警的尾巴

鹿的尾巴又小又短,然而它却是重要的报警器。当危险靠近鹿群时,首先发现敌人的鹿会竖起尾巴,露出下面的亮点,向同伴发出警报。鹿群一接到警报就会马上逃离。

锋利的武器——脚爪

老虎、狮子等猛兽有一双捕捉食物和防御敌害的利爪；牛、羊、马等兽类的爪变成了蹄，在运动和寻食过程中有着不可替代的作用；而啄木鸟、杜鹃等攀禽类的脚很强壮，趾端有锐利的爪，这使它们能稳当地抓住树干……无论是觅食、猎食、搏斗还是休息，许多动物都要依靠它们的脚和爪。不同形状的脚爪具有不同的特殊功能，这当中的秘密自然也各不相同。

没派上用场的利爪

红头美洲鹫脚上长着长长的脚趾和弯钩形的爪子，但它却不用来捕杀活的猎物，因为这种鸟是以腐肉为食物的。

鹦鹉的爪子极适合爬树，它们的四个趾是相对的，两趾在前，两趾在后，这样它们就能牢牢地抓住树枝。

吸盘的作用

壁虎的脚趾上有一条条像深沟的鳞片，起着吸盘的作用，所以，它能在光滑的平面上行走自如。

蝙蝠

休息时，所有蝙蝠都会用爪子把身体倒挂在岩壁上，这是它们不同于其他动物的典型特征。

企 鹅

尽管企鹅的行走比较笨拙,但是在水中却非常灵活,这是因为它的脚趾间长着像鹅一样的蹼,划起水来非常有力。

啄木鸟的四趾平均分配,前后各两趾。这四个趾均有锐爪,能在树上垂直攀爬

猎 豹

猎豹脚上的肉垫不发达,不能像猫那样把爪子藏起来,所以,它的爪子总是露在外面,很容易在奔跑中磨损,不能当做武器使用。但是猎豹的爪子却像短跑运动员穿的钉鞋一样,可以提高它的奔跑速度。

猎豹的爪子生在外面,不善于攀岩,所以它一般不能上树,最多是上一些已经倒伏的树木

多彩的衣服——毛发

人类靠衣服来御寒,动物则靠毛发来保暖,毛发是动物身上不可或缺的一部分,在不同的动物身上,毛发起着不同的作用。有的动物毛发会随季节的变化而改变颜色,如梅花鹿、北极狐;有的动物则用漂亮的毛发或羽毛来吸引异性,如孔雀。鸟类的羽毛是动物中最具色彩的。

北极狐

北极狐被誉为"雪地精灵"。因为生长在冰天雪地里,所以它们的毛发在冬天全部是纯白色,到了夏天则会变成灰黑色。这种季节性的毛色变化是为了能够更好地伪装自己,成为捕食和避敌的"法宝"。

孔雀的长尾巴展开时就像一扇半圆形的屏风,从不同角度看,羽色还可以奇妙地变幻。

孔雀的羽毛

孔雀被誉为"鸟中皇后",它们的羽毛色彩鲜亮,有一个长长的尾屏,可以自由展开,被称做孔雀开屏。但这种鲜艳的羽毛和长长的尾屏只是雄孔雀所特有的,雌孔雀则没有。雄孔雀开屏只有一个目的,就是向雌孔雀"示爱"。

火烈鸟的红羽毛

火烈鸟并非天生是红色的,它们出生的时候是白色。由于它们的食物中含有大量的类胡萝卜素和叶红素,这些色素沉积在体内,羽毛就会变成红色了。因此大火烈鸟在进行周期性换羽时,体内色素沉积程度还不够时,它新长出的羽毛就是白色的。

防水的羽毛

很多鸟类的羽毛都具有防水功能,这种防水性并不是羽毛自身所具备的,而是一种脂肪性分泌物的作用,这种物质由鸟类的尾脂腺分泌,能使羽毛具有光泽和防水性。

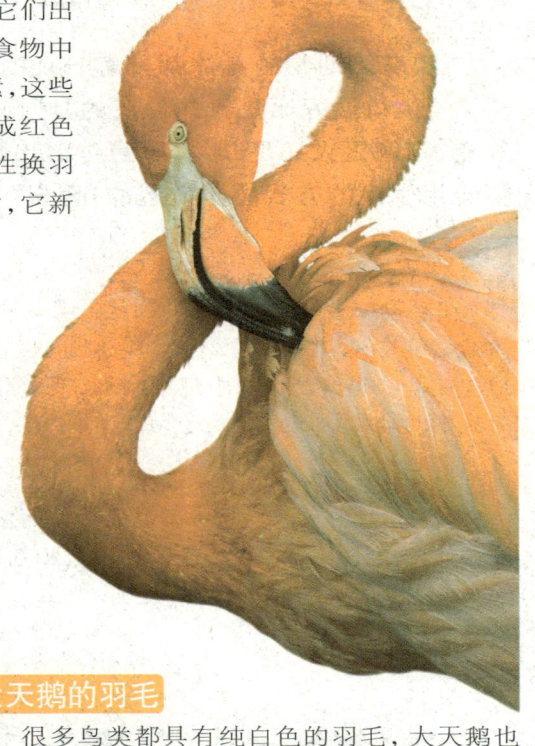

大天鹅的羽毛

很多鸟类都具有纯白色的羽毛,大天鹅也不例外,它们俨然就是美丽和纯洁的化身。但是每当夏季到来,大天鹅就必须脱掉厚厚的"冬装",换上轻便的"夏装"。由于是完全换羽,所以它们会暂时失去飞行能力,只能躲在巢穴里等待新羽毛长出来。

水獭的防水毛

水獭的皮毛呈棕黑色或咖啡色,具有绢丝般的光泽,不但外观美丽,而且特别厚密,不易被水浸湿,有很好的保暖抗冻作用,因此水獭被列为珍贵的毛皮资源动物。

身体的指示——体温

人和高等动物的身体都具有一定的温度,这就是我们常说的体温。体温好比是身体健康的"晴雨表",它每分每秒都在发生着改变,不管是人还是动物,一旦体温出现过低或过高的情况时,身体就会用生病的方式拉响危险的"警报",比如发烧。

恒温动物

在动物中,鸟类和哺乳动物是恒温动物,它们的体温常维持在30～40℃之间。它们通过散温和保温结构在神经系统的调温中枢控制下,保持恒定体温,而其余的动物则属于变温动物。

变温动物

变温动物的体温随外界温度的变化而变化,但也能让体温维持一定。它们通常利用太阳的辐射热和细胞色素的变化来调节体温。

两栖动物多数靠出入水域来调节体温,天暖可减热;天寒时,水又是热量的来源

鳄鱼属于变温动物,常常在吃饱喝足之后爬到岸边张开大嘴晒太阳,以此调节体温

特殊的色素细胞

龟、鳄等两栖爬行类,它们的皮肤有特殊的色素细胞,当色素细胞缩小时,皮肤颜色变浅,把大部分阳光反射掉,体温下降;当色素细胞扩张,肤色变得很深,就能大量吸收阳光,使体温升高。

不会流汗的动物的体温

不会流汗的动物必须用喘息的方法来排除体内多余的热量,维持一定的体温。比如狗,天气很热时,它就会伸出舌头不停地喘息。

身体上的调温器

有种螺钿蛱蝶,在天气晴朗时,其体温能准确地维持在32.5～35.5℃之间,不会因气温的变化而变化。它的体温调节器就是体表的细小鳞片,通过改变鳞片的角度来调节体温。需升温时,鳞片的表面直对阳光,就会获得较多热量;反之阳光照射的角度越小,获得热量越少。

鱼类的体温

生活在水中的鱼类的体温通常和周围水温一样,它们中的大多数可以忍受水温的逐渐改变,如果迅速改变水温它们就容易死亡。但金枪鱼是个例外,它的体温会比周围水温高出9℃左右。

长短不一——寿命

说到动物的寿命,大家一定会联想到"长寿冠军"——龟。其实,动物王国中长寿的动物比比皆是,它们的寿命比起人类往往有过之而无不及,比如鳄鱼,如果没有碰到什么意外事故,它甚至可以活到上百岁。有长寿的动物自然就有短命的,草履虫和变形虫就是典型的短命鬼,它们的寿命最多是一昼夜……动物的寿命同生活的环境有极大的关系,里面包含了许多复杂而有趣的秘密,你想知道吗?

苍蝇的寿命

苍蝇的寿命只能用天来计,普通苍蝇的成虫寿命是15～25天,如果连它的幼虫期和蛹期都包括在内,它的寿命则是25～70天。

据统计,狗的寿命一般在12～15岁之间,它们最长寿的记录是34岁

哺乳纲动物

哺乳纲的动物寿命并不相同,一些体型大一点的,如熊和虎能活40～50年,小型的动物如松鼠和野兔等能活10年,猫、狗的寿命大约是十几年。

犀牛在哺乳动物中也算寿命比较长的,它们可以活到40岁左右。

惊人的相同

从各类动物的寿命数字中，人们惊奇地发现，蚯蚓和狐狸、蛤蟆和马、乌鸦和大象，这些风马牛不相及的动物，它们的寿命却大致相同。生物界的千变万化在动物的年龄上也表现得非常明显。

乌鸦是一类长寿的鸟，它的寿命和大象的寿命大致相同

熊胆汁是一种药用价值很高的药材，人类长期抽取熊胆汁，会对它的寿命造成影响的

短命的蝉

蝉活的时间很短，在每年夏、秋季节之间一般只有1个月的寿命，它们在产完卵以后不久就会死去。

鳄鱼家族中的长寿者

大部分鳄鱼都喜欢晒太阳，而短吻鳄却完全生活在阴暗的地方，但是它们的寿命却比其他种类的鳄鱼长，它们一般可以活30～35年。

长寿冠军

动物中寿命最长的当然要数乌龟。一只被称为毛里求斯的乌龟足足活了152年，另外一只被称为卡罗利纳的乌龟在美国活了123年之久。

适者生存
动物的生存之道

大自然为自己的创造物建造了一个充满机会的世界，同时也带来了一个竞争的世界，在这里，大自然对各种动物的唯一要求就是适应，一种动物只有适应自己的生存环境，它才能生存和发展，这也是大自然生存的规律。为了适应自然环境，所有的生物都在不断地改变自己，加强自己的适应能力，以使其自身和种族能在激烈的竞争中生存下去。

温馨的家——居住

和人类一样,动物也需要有自己的"家",为了生活得舒适和安逸,动物们往往会费心尽力地建造各种式样、质地的巢穴。织布鸟的巢是喇叭状的;白蚁的土堡像个高大的宫殿;蜜蜂的巢是由蜜蜡制成的,不仅通透,而且牢固;燕子居住的泥窝是由唾液搀和上湿泥、杂草等材料建成的;河狸的巢穴建在水塘中央……动物的居所是形形色色的,里面包含着许许多多的小秘密……

西非织布鸟精致的鸟巢是由雄鸟建造的,它用自己的嘴和足将长长的草绳编织和打结。成型的鸟巢就像一个喇叭,这样的结构可以防止树蛇进去偷鸟蛋。

蜂鸟的窝

蜂鸟建在细软的树枝上的窝一般是用蜘蛛丝、苔藓、花瓣和植物的绒毛共同编织而成的,用一根细丝垂吊在半空中,大概只有胡桃那么大,看上去就像一只精致小巧的小酒杯。雌蜂鸟就在那儿孕育下一代。

温暖的雪窟

北极熊的幼仔通常是在深冬时候出生,为了给孩子保暖,整个家庭通常藏身于温暖而舒适的雪窟中,因为那里的温度会比外边高。

以壳当家

寄居蟹没有壳,没有办法保护柔软的身体。所以它们就把其他动物遗弃了的贝壳当作自己的"家",当它们的身体渐渐长大时,再搬到大一点的贝壳里去。

穴兔的"迷宫"

穴兔的窝是一个像迷宫一样的弯曲地道,它们在黄昏出来猎食的时候通常都会逗留在窝的附近,如果有敌害靠近,它们就能立即跳到洞穴里躲避危险。

讲究的火烈鸟巢

火烈鸟对居住条件比较讲究,它们总是把巢排列得整整齐齐,在巢与巢之间空出一段距离,中间挖许多小沟,以便与水面相通。它们的巢是用潮湿的泥灰一层层堆起来的,性急的火烈鸟常常不等泥干,就搬到新居里面去了。

抵御严寒的方法——冬眠

许多动物都用冬眠的方法过冬，它们在秋天的时候就吃饱喝足，把身体养得胖胖的，冬天一到就钻进洞穴或土里睡觉，一直睡到第二年春天来临。动物冬眠的方式是各种各样的，小刺猬蜷着睡，蝙蝠倒挂着睡，蛇喜欢集体冬眠……冬眠可不像睡觉那么简单，其中有许多你所不知道的关于动物的小秘密。

蝾螈是靠皮肤来吸收水分的，所以，它需要生活在比较潮湿的环境里。当天气寒冷、气温降到 0℃ 以下后，蝾螈就会进入冬眠状态

冬眠与睡觉

动物的冬眠与睡觉不同。睡觉是动物消除疲劳的手段，时间短；而冬眠是动物躲避寒冬的一种生理现象，时间较长。

叫不醒的松鼠

松鼠冬眠睡得非常死。如果把一只冬眠的松鼠从树洞中挖出，任人怎么摇晃它都始终不会张开眼，甚至用针扎它也不会苏醒。只有用火炉把它烘热，它才会缓慢移动，而且还得经过很长的时间。

耗能最少的冬眠

许多动物在冬眠的过程中会有很大的消耗，蛇所消耗的能量非常小，经过长达 5 个多月的冬眠后，它的体重只不过减轻 2% 左右。

熊在冬眠时，喜欢舔自己的脚掌，因为它们嘴里分泌出来的津液不停地滋润着掌心，所以熊掌的胶原脂非常丰富。不过，这也常常给熊带来杀身之祸。

穿"衣"冬眠

刺猬会穿上"棉衣"冬眠,办法是让自己如刺的硬毛上扎满厚厚的枯叶。冬眠的刺猬简直连呼吸也停止了,这是因为它的喉头有一块软骨,可将口腔和咽喉隔开,并掩紧气管入口的缘故。

把冬眠的刺猬扔进水里,过半小时捞上来它也不会被淹死。

海龟

在十余年前,于美国东岸曾研究发现有许多海龟在冷锋接近时,会潜入海底的泥中,而当地渔民早已知道这种现象。有时这些海龟会在泥中停留极长的时间,其代谢速度也下降,进行类似冬眠的行为。这是在海洋生物中发现的少数会冬眠的动物的例子。

需要冬眠的鸟

一般鸟类在冬天是不休眠的,夜鹰是极少数几种已知休眠鸟之一。在食物缺乏的寒冷季节里,夜鹰会自动进入休眠状态。这时,它们的体温从38℃降到20℃左右,呼吸变得非常微弱。

逐水草而居——迁徙

春天常见到双双对对的家燕忙着做窝,成群的雨燕在空中来回急速飞翔,张着大嘴捉虫吃,但秋天以后,竟一下子就看不到它们的踪影了;初夏,布谷鸟声声划破天空,好像在催人"快快收割",可入秋以后,却又销声匿迹了……随着季节的变化,候鸟在一年当中总要搬上两次家,这就是人们常说的"迁徙"。自然界中,不单是鸟类才会迁徙,兽的迁移、蝶的群移、鱼的洄游都属于动物的迁徙行为。

特殊的队形

大雁南飞,飞在最前面的雁总是壮年的雄雁,幼雁总是排在中间,受到头雁的关照。另外,遇到敌情,特殊的"人"字或"一"字队形可迅速散开,不至于相互碰撞。

海龟的导航系统

海龟能准确无误地到达遥远的迁徙地,它除借助海流与海水化学成分导航外,还有凭借地球重力场导航的本领。它的特定活动时间是由体内的生物钟确定与控制的。

动物植物百科

当仁不让

角马每年在雨季将结束的 5 月与同伴一起进行大规模的迁徙，为的是寻找新的水源和绿草。这个过程中，有上千只蹄子跺着地面，阵势非常庞大。如果要横渡大河，那些年幼的或生病的角马会成为强壮同伴的足下之魂。

鸟类迁徙冠军

北极燕鸥是所有鸟类中迁徙路线最长的，它们每年在北极繁殖到南极过冬，往返一次的行程可达 22 530.2 千米。

鸟类飞行的"发动机"是胸肌。飞行时，双翼不只是单纯地上下扑动，还有向前推动的作用

浩荡的迁徙队伍

一到秋天，龙虾便开始了大规模的迁徙活动。龙虾们首尾相接，排成纵队前进，中途如果有同伴遇到也会参与到队伍中来，大群体就这样浩浩荡荡地向前行进。

灾难性的迁徙

蝗虫通常散居，但在迁徙时会群集在一起。迁徙过程中，它们会给路过的地方造成很大灾害。蝗虫食量巨大，它们每到一处，都会毫不留情地啃食当地的农作物，所过之处，庄家无一幸免。

大自然的奇迹——伪装

在自然界中，不少动物为防御敌人和捕食猎物，利用自身特殊的自卫武器和保护身体的色彩，巧妙地把自己隐蔽起来。如竹节虫、枯叶蝶、变色龙、螳螂……

枯叶蝶

枯叶蝶两对翅膀的颜色和花纹与干枯的树叶简直一模一样，停息时，它的一对前翅在背上隆起，边缘带齿的后翅自前翅下方伸出来，很像枯叶的边缘；一对尖而长的颚须一起伸向头的前方，像离开枝条的叶柄。当它躲在一堆枯败的叶子中间时，敌人很难分辨。

最像树枝的伪装者

细细长长的竹节虫长得特别像小树枝，并且它身体的颜色、图案和所处的环境都特别相似，让敌人难以分辨。如果竹节虫不幸被抓了，它还会断足逃生。

有的枯叶蛾更加巧妙，翅面上还有不同颜色的斑纹，活像枯叶上的一点点病斑。

伪珊瑚蛇

美国有一种亚利桑那珊瑚蛇，也叫伪珊瑚蛇，它的颜色、花纹、大小都跟真正的珊瑚蛇很像，所以当它遇到敌人时，它就伪装成有剧毒的珊瑚蛇，把敌人吓跑。

树　蛙

树蛙也是个伪装高手，春夏季节，它的体色鲜嫩翠绿，与周围的树木浑然一体；秋季来临，它们就会逐渐变成与树干、枯枝、落叶一样的黄褐色。

树蛙的足趾有吸盘，这使它在走过光滑的树叶表面时能紧紧攀附在上面

海中"魔术师"

蝴蝶鱼一般是生活在五光十色的珊瑚礁中，它们鲜艳的体色可以随周围环境的改变而改变，蝴蝶鱼像个"魔术师"很容易使自己的身体呈现出各种不同的颜色。有的蝴蝶鱼改变一次体色需要几分钟时间，有的只需要几秒钟。

枯叶螳螂正如它的名字一样，能把身体的形状和颜色都伪装得像干枯的叶子一样，在保护自己的同时还可袭击猎物。

蝴蝶鱼的假眼睛

变色龙有"伪装之王"的称号，在它的皮肤里，有着各种决定身体颜色的色素细胞，这些色素细胞可以让肤色随着外界环境的改变而改变

情绪里的秘密

变色龙变色的秘密隐藏在它们的情绪里：变色龙心情好时呈现绿色；当两只雄性不期而遇时，体色就会呈现红色；发现毒蛇等敌害时，变色龙会一反常态，突然披上鲜艳的"五彩衣"，使敌人觉得它不好惹。

毛皮的作用——御寒

在寒冷的冬季，自然界的各种动物为了生存的需要，都"发明"了一套抵御严寒的好办法。在寒冷环境中生存的动物，一般都有长而浓密的毛发或者厚厚的脂肪，这样就可以保持恒定的体温，像北极熊、企鹅等；而候鸟就会采取举家迁徙的办法到比较温暖且食物比较丰富的地方度过寒冬；青蛙、蛇、蝙蝠等一大批动物会用冬眠的方法把漫长的寒冬睡过去；而那些既不迁徙又不冬眠的动物更有一些令人称奇的方法抵御寒冷。

勤劳的星鸦每年可以在地下粮仓里储藏很多的松籽。它的舌头下面有一个口袋，可以用做运粮食的工具

为了防御冬日的寒冷，兔子采取碰撞取暖的办法。冬天里，几只兔子在一起，横着身子互相撞击肚皮，身子很快便暖和了。

大猩猩搬石头

一旦寒冷降临山林，生活在那里的大猩猩难以抵挡时，它们就会跑到阳光充足的地方，搬起大石头来回走动，直到大汗淋漓才停止搬运。

攀爬取暖

在印度北部的森林里，当积雪覆盖了山林，生活在那里的松鼠为御寒就从树上跑下来，然后再攀爬上去，如此反复，直到身体温暖才停止攀爬。

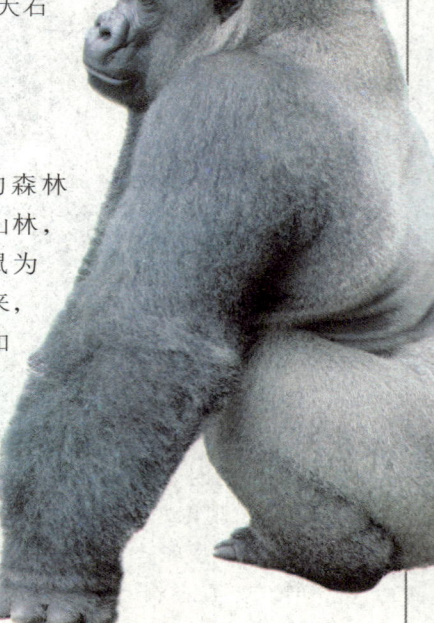

威武凶猛的老虎觉得冷了,便会奔跑不休,且注意力相当集中,即使有可食的小动物,它也不看一眼,直至身子暖和为止

冰冻成"石"的树蛙

树蛙在冬季被冻成了一块硬邦邦的"石头",但它并没有死,相反,这正是它与寒冷作斗争的法宝。树蛙没有迁徙和冬眠的习性,并且身上也长不出丰厚的羽毛来御寒,因而面对冰天雪地,它干脆将自己冰冻起来。

打斗取暖

在俄罗斯北部生活着一种野鹿,当天寒地冻之时,它们会寻找一个较为偏僻的地方,三三两两地相互打斗,直到浑身暖和了才去觅食充饥。

度过酷热的夏天——避暑降温

盛夏时节,骄阳似火,热浪灼人,酷暑难耐,面对恶劣的天气,人们会想出各种方法来避暑热,如开空调、吹风扇、喝冷饮等,而在大自然中生活的动物,又是如何利用它们的生存智慧来抵御酷暑的呢?其实,动物们也有着千奇百怪的避暑方式:有的洗淋浴,有的用尾巴遮阴,有的舔爪降温,还有的自带天然的"防晒霜"……花样多着哩!想知道这都是哪些动物吗?请看——

象海豹身体内有一层厚厚的鲸脂层,在冬天可以保暖,但到了夏天就会使它的身体热量增高。为了给身体降温,象海豹会采用多种方法,如喘气、拍打它的鳍肢还有爬到陆地上来回打滚等。

淋浴降温

盛夏的中午,大象喜欢在水中打滚,用鼻子向上喷水进行"淋浴",同时用力扇动大耳朵,将热量散发到空气中。

天气炎热时,小松鼠会将尾巴直竖起来,就像一把伞一样遮住身体,给自己带来一片阴凉,让自己免受炎热之苦

凉爽的蜂房

盛夏时节,蜜蜂集内的温度很高,为了给蜂房降温,工蜂便运来水,洒在窝眼周围。另一部分蜜蜂则在蜂房的入口处整齐地排成一行,用双翼使劲地往里扇风,使蜂房内刮起阵阵风,以便快速散热。

散热的喉囊

鹈鹕的喉囊是具有伸缩性的皮肤口袋,天气变热时,它会抖动喉囊。由于这个部位没有羽毛,皮肤可以直接接触空气,所以,可以用来散热降低体温。

舔爪降温

澳大利亚的袋鼠,为减少阳光的照射面积,便采取弓着身子的办法,当气温达到35~40℃时,它就会不断地用舌头舔自己的前爪,从而使体温很快降下来。

以睡避暑

在南非,有一种会上树的奇特树鱼,到了夏天,它就会爬到树上的阴凉处,睡上两个多月,以度过酷夏。

会掘井的蜘蛛

非洲撒哈拉沙漠中有一种大蜘蛛,自己会掘井,并且能在井口处吐丝结网,以遮挡夏日炽热的阳光,然后躲进井底酣睡。

独特的"防晒霜"

盛夏时节,河马的皮脂能分泌出一种黏液,干燥后就像盖上了一层遮阳膜,既能防晒又能隔热。

动物的智慧——适应环境

鱼类能在水中生活是因为它有适应水中生活的特殊体型；鸟儿能在空中自由翱翔是因为它们有一双灵巧的翅膀；为了能吃到高处的树叶，长颈鹿有一条无人能及的长脖子；还有大象的长鼻子、兔子的长耳朵、海象的厚脂肪……地球上的每种动物都有自己独特的身体结构和生活方式，这些都是它们为适应各自的生活环境逐步演化形成的。

能耐高温的鱼

有些鱼类为适应环境练就了一副耐高温的本领。美国加利福尼亚州有一种热水鲤鱼，能在平均水温为55℃的水中生活；马达加斯加的首都塔那那利佛东部地区的温泉，水温高达75℃，有一种浅黑色的小鱼竟可以自由地游弋其间。

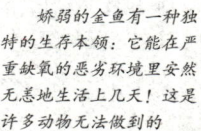

娇弱的金鱼有一种独特的生存本领：它能在严重缺氧的恶劣环境里安然无恙地生活上几天！这是许多动物无法做到的

长颈鹿的脖子很长，正因为如此，它可以利用长脖子吃到树顶上的叶子。而其他动物的脖子不够长，所以吃到的食物就不如长颈鹿多。这是长颈鹿在适应环境的过程中为满足取食需要而逐渐演化的结果

生存法宝

雪豹长年生活在冰天雪地的环境中，因此它的肺比较大，这使它能在空气稀薄的喜马拉雅山上获取更多的氧气，而其宽大的足部使其在跳跃时更加强壮有力，也帮它更容易穿越厚厚的雪地。

蛇为何失去四肢

爬行动物蛇失去四肢的原因在于它们在陆地上的生活方式,它们需要周期性地隐藏在松疏的土壤中,而有了四肢会严重影响它们的隐藏,这是蛇类对环境的一种适应。

重要的驼峰

骆驼的驼峰是骆驼体内的"食品储藏柜"。一头骆驼依靠消耗积聚在驼峰中的脂肪,可以不吃不喝,连续行走两个星期。这对生活在沙漠地带的骆驼来说是非常有用的,如果体内不积聚脂肪的话,根本无法在食物和水源都缺乏的沙漠中生存。

小袋鼠的"温床"

袋鼠身上的"口袋"是最安全的育婴室。小袋鼠刚生下来时,身体很小,它挣扎着在妈妈身上摸索,最后爬进妈妈温暖的口袋里,在妈妈的口袋里面吃奶、成长。

企鹅的冰海世界

企鹅有着适应南部海洋冰上生活的身体。它皮肤下有一层厚厚的脂肪,还有一层厚而不透水的羽毛外衣可以保暖。企鹅的翅膀已进化成了鳍肢,使它能自如地在水上滑行。

换装的秘密

梅花鹿一年四季换装是适应环境的需要。春天,它脱去冬天的长毛,栗红色的短毛间点缀着朵朵白色的梅花,与夏天的环境相协调;冬天到来之前,它又换上"冬装",棕褐色的长毛把白色的梅花隐藏起来,身体的颜色与冬天的枯枝黄叶相一致,不易被猛兽发现。

存在即合理
动物的行为

在地球上，大自然用自己的智慧创造了无数的奇迹，而动物堪称大自然中最杰出的作品，耳朵、鼻子、肢体、尾巴等，这些动物身体的组成部分无不闪耀着大自然创造的智慧之光。凭借着大自然赋予的这些灵巧的工具，众多种类的动物在地球上生活和繁衍，一代代地向前进化。

生存的绝技——避敌

动物世界是一个弱肉强食的世界,如果不懂得自我保护,随时都会有丧命的危险。因此,在长期艰难的生存斗争中,为求得生存,每种动物都练就了一套避敌自保的本领,尤其是那些弱小的动物,它们不具备主动进攻的本领,只能将防御作为重心,比如海参抛内脏、章鱼断触手、乌龟缩头脚、壁虎断尾、负鼠装死、瓢虫休克……强敌当前,这些让人眼花缭乱的避敌技巧往往能让动物们化险为夷。

斑马身上的条纹是保障生存的一个重要防卫手段。因为在开阔的草原和沙漠地带,这种黑褐色与白色相间的条纹,在阳光或月光照射下,反射光线各不相同,起着模糊或分散其体型轮廓的作用,展眼望去,很难与周围环境分辨开来

角蟾的秘密武器

角蟾其实是一种蜥蜴,又称"角蜥",它生活在沙漠地区。在生死存亡的紧急关头,角蟾会大量吸气,把肚皮鼓得很大,使身上一根根角刺都竖立起来;有时还从眼睛里喷射出血柱,射程长达一米,把敌人吓得惊惶失措,夺路而逃。

神经休克

当天敌或者外界刺激瓢虫时,它们会发生一种叫"神经休克"的现象,像失去了知觉一样一动不动。当危险过后,它们又会清醒过来,继续活动。

松鼠的唬蛇术

遇到凶猛的眼镜蛇,松鼠只要对着它左右摇着自己的尾巴,眼睛蛇就会灰溜溜地走了。原来,眼睛蛇对温度非常敏感,而松鼠摇动尾巴,便可使尾巴的温度升高,这样一来,就把眼睛蛇吓跑了。

章鱼自断触手

章鱼的触手是它进攻和防御的武器,但是情况紧急时,它会自断触手。当敌害扑向触手时,就放过了章鱼的身体这个主要目标。章鱼的触手自断后,伤口会自行闭合,不会出血。几小时后,血管通畅,第二天伤口就愈合了,并开始生长新的触手。

以臭轰敌

有一种鸟叫戴胜,它们常常在自己的巢中堆满脏东西,把巢穴弄得臭气冲天,不仅如此,它们身上还会分泌出一种体液,也是臭烘烘的。它们的敌人闻到这种刺鼻的臭味,老远就跑开了。

豪猪的羽管刺向攻击者时会从身上掉下来,其他动物也会因此而知道有豪猪从这儿经过。有时,豪猪故意留下的信号就可吓走敌人。

豪猪示威

豪猪受到威胁时,会竖起身上的刺,并大声嚎叫、跺脚,向敌人示威。若敌人还不撤退,它们会倒着冲向敌人,把刺扎进敌人身体。

获得食物的方法——捕食

食物是动物们维持生命的基础,所有动物,不管是强大的还是弱小的,不管是食肉的还是食草的,不管是水里游的、地上跑的还是空中飞的,都需要捕食。动物们在日复一日寻求食物的过程中也掌握了各种技巧和捷径。

麻醉剂猎物

海葵的触手尖端长有许多丝状的"刺细胞",这些"刺细胞"是它们捕食的秘密武器,它可以喷出毒汁,麻痹经过身边的猎物。

壁虎的舌头很宽,能伸出捕食蜘蛛和飞蛾、蚊、蝇等。

射水鱼的射击术

射水鱼会向停在水边植物上的昆虫"射击",它喷发出来一股股很急的水流,许多昆虫往往招架不住落到水里,就被它毫不留情地吞食了。

潜伏捕食

鳄鱼藏在水下,犹如一艘潜水艇,这样更方便捕猎。尽管它们的大部分身体都没在水下,但是位于头顶的眼睛、耳朵、鼻孔却露出水面。这使得鳄鱼既能听又能看,还能嗅出周围的气息。别的动物一点也觉察不到危险的存在,等到发觉时,已被鳄鱼咬住了。

掠食专家

白头海雕以捕食鱼类和其他一些小动物为生,它们还常常倚仗武力夺他人口中之食,有时它们逼着鸥等弱小的捕鱼鸟吐出猎物,或者在半空中胁迫一些较小的鸟放弃已经到手的猎物。

害虫的克星

蛙类的舌头肥厚多肉,尖端分叉,并有丰富的黏液,它们就仰仗自身发达的舌头捕食。遇到猎物时,舌尖突然翻出,粘住食物,卷入口中。它的口腔宽而扁,上颌和口腔的上壁有细齿,可以防止食物逃脱。它的食管宽大而且有伸缩性,所以能吞下较大的害虫。

蛙类的眼睛只能看见活动的猎物,这是它们在捕食过程中一个致命的弱点

北极熊

北极熊最喜欢吃海豹,而海豹常常潜到浮冰之下,只是偶尔在浮冰之间的通气孔透气。因此,北极熊会长久地守在这些通气孔旁,只要海豹一浮出洞口透气,它们就迅速地用前掌击碎海豹的头骨,将其拖出水面饱餐一顿。

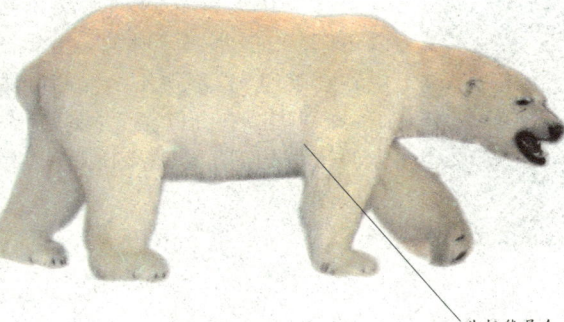

北极熊是个耐心的捕猎者

美洲豹堪称最优秀的猎手,它是唯一不袭击猎物喉咙而咬碎对方头骨的食肉动物

休息的时刻——睡觉

对于人来说，睡觉和吃饭一样，是一种本能，如果连续24小时不睡觉，你肯定感觉身体快要散架了。对自然界的动物来说，睡觉也是重要而必需的。几乎所有的动物都要睡觉，不管是陆地上的还是海洋里的，不管是哺乳动物还是鸟类，睡觉是它们休息和维持体力的一种自然而有效的方法。这个看似平常的问题其实是复杂和深奥的，因为直到现在我们都还不能清楚地解释人和动物为什么需要睡觉？为什么需要睡那么长的时间？

时刻戒备

鸽子和大雁这两种鸟类都可以不睡觉，但都必须休息。当鸽子单独睡眠时，它不得不随时睁睁眼睛，探视周围有无险情，时刻警惕。当鸽子群居时，大家都睡眠，只留一只鸽子醒着"值班"就行了。

席地而眠

印度象是伸腿侧睡的，和猪的睡姿差不多。先屈下前腿，再屈后腿，然后慢慢地躺下，贴脸侧卧，四肢长伸。要是它站着睡觉的话，那就证明它身体不适。

睡前舞蹈

狐狸睡前会有一番准备的跳舞。找好睡眠场所之后，它先跳一会儿"踢踏舞"，用爪子搔扒地面，把地面踏平；然后再跳一会"狐步舞"，把地面踩实；最后再跳一会儿"华尔兹"，左转几圈，右转几圈，身体弯成弓形。最后，跳累了就坐卧下来，把头扭向臀部，把尾巴盘在头部遮在脸上，把身躯盘成圆团，安然进入梦乡。

动物植物百科

左右脑交替睡眠

海豚的睡眠非常奇特，它的大脑的两半球从来不同时进入睡眠状态，而是左右两半球轮流着休息。不管是白天还是黑夜，不论是浅眠还是熟睡，它总能以每秒钟50米的速度游动。

长颈鹿的睡眠

长颈鹿常常站着睡觉，一天大概只睡30分钟。当然，有时长颈鹿在觉得周围很安全的时候，也会躺下来睡觉，把长长的脖子弯成弓形伸到后腿边，遇到紧急情况，四足迅速立起的同时，就把笨重的脖子"扛"起来了。

站着睡觉的非洲象

非洲象始终是站着睡的，它只要把身子往墙上或树干上一靠，就能酣然入梦，要是它躺着睡眠的话，说明它的身体欠佳。

奇异的睡眠

日落以后，早已爬在树上准备睡觉的变色龙会闭上环状的眼盖，眼球深陷，只要没有干扰，它就以这种姿态过一整夜。不过，这种状态很难判定它是在睡眠还是在休息。

动物的"语言"——交流

俗语说,"人有人言,兽有兽语",人类能透过声音、通过语言来传达自身的想法,同样,马有马语,熊有熊话,每一种动物都有自己特有的交流方式,不一定是声音,它们的气味、活动都可以起到传递信息的作用。狼嗥叫、猿啼鸣、蜜蜂跳舞、蚂蚁碰触角……这些不同的"语言"只有同一类动物才会懂,这是它们的秘密。

狼嗥里的秘闻

喜欢成群猎食的狼,会用不同的叫声和其他的狼交流情况以便更好地合作。但在四面环山的山谷中,回音会让这个策略失效以至传错讯息,所以,狼嗥是不会产生回音的。

雄蚊通过分辨振动翅膀的声音来寻找雌蚊,一般来说,雌蚊的振翅比雄蚊要快得多。虽然一群蚊子有数千只之多,但所有的蚊子只需振动翅膀就能立刻找到自己的另一半

大象的"腹鸣声"

大象的交流语言是它们中间的吼叫声,有时也会发出我们人类听不见的"腹鸣声"。这种低频率的声音能传到很远的地方,靠这种声音,母象能传达出对中意公象的爱意。

动物植物百科

蚂蚁不会发出声音来交流,它们有让同类知道自己方位的方法,只要在走过的地面留下身体的气味,其他蚂蚁就可以很快地尾随在后了

碰触角传信息

蚂蚁是通过碰触角的方式来和同伴交流的。外出的蚂蚁如果遇到食物,就会回巢报信,途中如果遇到同巢的成员就会用触角互相碰撞,然后再用触角闻几下地面,这样,食物的大小、存在的地方等信息就通过气味传达了。

由于鸟类在出生时并不会歌唱,它们是跟自己的"父母"学会歌唱的,因此,不同地区的夜莺歌声不同

笑鸥的长啸

红嘴鸥也叫笑鸥,当雄鸥捕食回来时,它总要发出一种被称做"长啸"的叫声。尽管笑鸥们的叫声不断,又很相似,雌鸥仍能分辨出自己"丈夫"的声音。这使人想到:可能是那些雄鸥在飞回巢时呼唤了它们"妻子"的名字,所以,雌鸥能够区别它们。

用臭液交流

狐狸的"臭液"是它们最好的交流语言,它们利用体内分泌出来的可以令其他动物窒息的臭气来表达很多意思,比如,标记领地、识别对方的性别、地位等级高低等。

蜜蜂也有"方言"

不同地方的蜜蜂之间的舞蹈语言不完全相同。如我国养殖的意大利蜜蜂会跳圆圈舞、8形摇摆舞和弯弯的镰刀舞;奥地利蜜蜂只跳8形摇摆舞,它们之间就无法进行"语言"的交流。

蜜蜂告诉同伴采集花蜜的信息,并不是通过翅膀的震动所发出的嗡嗡声,而是通过一系列含义不同的"舞蹈"来通风报信的

体液讯息

在一个蜂群中,3万~5万只蜜蜂分工不同,互不干扰地工作着,它们能够达到如此严密的组织,是因为蜜蜂之间是通过化学信号进行交流的。它们分泌出的一种液体,其作用相当于给其他蜜蜂传达命令。

集体的力量——集群

俗话说，"团结就是力量""人多力量大"，自然界中的许多动物似乎也懂得这样的道理，蚂蚁、蜜蜂、狒狒、沙丁鱼等都喜欢集群生活，它们或是以数量不多的小群体，或是以较大的群体，甚至是成千上万的种类组成的群体进行活动。对于这些动物来说，群体生活有很多优势。如在寻找以及搜集食物、发现危险、对抗敌害上，群体中的成员可以相互合作；而狼、鬣狗等凶猛的食肉动物结集成群，则可大大提高捕食的成功概率。

不堪孤独

蜜蜂、蚂蚁和白蚁在孤独的环境里，根本就不能活。只要它们孤独一个，或者有时只是朋友少了一些，它们就会不吃不喝，很快死亡。蚂蚁和蜜蜂的伙伴不能少于 25 个，如果少于 25 个，这些习惯于正常群居生活的动物就会感到非常忧伤。

单独的一条食人鱼对其他动物并没有大的威胁，可是一旦食人鱼聚集成群，它们的食"人"能力就会突显出来。

优势互补

在长途迁徙的过程中，非洲角马和北美的驯鹿都喜欢集成庞大的群体，对它们来说数量越大就越安全，单独的个体势必会遭到捕食者的攻击。

动物植物百科

群体优势

鬣狗并不总是拣剩下的吃,它们也成群合作围捕猎物。强大的群体优势,让它们可以明目张胆地攻击猎物。鬣狗总是排成纵队,紧跟着首领前进。一旦有目标出现,它们就群起而攻之,直到将猎物杀死为止。

团结力量大

单个的狼虽然不乏凶悍,但它们仍喜欢集群合作围捕猎物。一群包括雄性和雌性个体在内的狼,能够共同打败一头雄性美洲野牛,使大家都能得到食物,而单独一只狼则可能因为饥饿而死亡。

分享的乐趣

狒狒是群居的动物,通常会有近200只狒狒居住在一起。群体成员共同分享食物,抚养小狒狒,并且时刻监视来犯的敌人。

狒狒群体的组织性很强,它们的首领是由群体中身体最强壮、个头最魁梧、毛色最漂亮的雄狒狒担任的

成员众多的大家庭

土拨鼠喜欢群居,目前已知土拨鼠最大的族群分布在美国的得克萨斯州,在长402千米、宽160千米的领地内,栖居着大约4亿只土拨鼠。

动物的天敌——相生相克

老虎被称为"森林之王",狮子被誉为"草原霸主",鲨鱼被比做"海洋杀手";鳄鱼在河流中凶悍无比……大自然总有这样一类称王称霸的动物存在,它们让动物界变得平衡而有序,但是这些动物都是各自为阵的,彼此间并没有较量,因此,动物界至今都未能出现一个至高无上、统领全球的"无冕之王",原因在于动物界的每种动物都有自己的"克星"。所谓一物降一物,再强大的动物也有自己的敌手,这就是自然界的法则……

臭鼬的克星

臭鼬的臭液虽然吓退了许多进攻者,但也有不怕它的。虎斑猫头鹰就是以臭鼬为猎物的动物。这样的勇敢者,天下只此一种。

獴和眼镜蛇

眼镜蛇的剧毒让许多动物望而生畏,但它也有自己的克星。獴就是眼镜蛇的劲敌,它吃了眼镜蛇后不会丧命,因为獴的体内有一种解毒的物质。

遇到敌害时,臭鼬会从肛门里释放出一股奇臭无比的气体,来袭的动物还没到跟前就被熏跑了

老鼠的天敌

黄鼠狼是老鼠的天敌。为了能在冬天吃到新鲜的食物，在冬天来临之时，它会大量捕捉老鼠，然后把老鼠的腿咬掉，藏在洞穴里。这样，老鼠都是活的，但却不能逃走。

黄鼠狼能从肛门口的臭腺分泌一种恶臭气体，使敌人不战而逃走。如果它遇上刺猬，只要放一个屁，刺猬就会被臭液麻醉，它就可以趁机把刺猬吃掉。

刺猬的克星

刺猬身上的硬刺让很多凶猛的动物都拿它没辙。可狐狸就不一样了，这种狡猾的家伙会把刺猬抛到空中，刺猬落地的一瞬间会失去自制，露出肚皮，狐狸趁机咬住。

蚜虫的天敌

蚜虫和介壳虫都是庄稼的大敌，而大多数瓢虫却以它们为食物。我们常见的七星瓢虫，一天就能吃掉100多只危害庄稼的蚜虫。

瓢虫家族当中的大多数都是益虫，也有少量的害虫，那些背部有七个黑色斑点的七星瓢虫就是典型的益虫。

眼镜蛇的剧毒是绝佳的自卫武器，许多凶猛强悍的动物都不敢招惹它。

动物植物百科

动物之最——动物界的吉尼斯

世界上的动物有千千万万，每种动物都有一种区别于其他动物的奇异特征，如体型大小、奔跑速度、力量对比等，在不同的领域都有记录保持者，它们构成了动物王国的"吉尼斯"。那么到底所有动物当中谁长得最高？谁的体重最重？谁最大？谁最小？谁跑得最快？谁飞得最迅速？谁跳得最高？谁最聪明……如果你想了解这些秘密，那么千万别错过这一页的精彩内容！

飞得最快的昆虫

蜻蜓是世界上飞得最快的昆虫，昆虫中的飞行速度记录一直由它保持着，时速通常为60～80千米，最快时还可达到100千米！

世界上最小的鸟是蜂鸟，体重只有1.6克左右，比一只大蛾子还轻。当然它下的蛋也是世界最小的鸟蛋

目前，龟家族的记录是由一只在1830年左右出生的加拉帕格斯巨龟保持着，现年175岁的它堪称世界上最长寿的巨型陆龟

最强悍的动物

狮子被称为"百兽之王"，但它不去袭击大象。不过，少数袭击象崽的狮子也没听说被母象踩死过。但在印度袭击大象的老虎，却有被大象踩伤的，看来，最强悍的动物是大象。

动物植物百科

最大的鳐鱼

蝠鲼是最大的鳐鱼，它的鳍进化成了巨形的"翅膀"，展幅宽度达 7 米，是所有鱼类中最宽大的。蝠鲼有"海中魔鬼"之称，但它只是吃浮游生物的鱼类，并不具备攻击性。

信天翁不但是在自然界中寿命最长的鸟，还是海鸟中体型最大的鸟

世界上最大的陆地食肉动物是阿拉斯加棕熊，其体重约为 860 多千克，大约相当于 14 名男子体操选手体重的总和

弹跳最高的动物

弹跳最高的动物恐怕要数跳蚤了，一般它们能在空中跳 30 多厘米的高度。最绝的是，如果它找到一个新的寄生体的话，它可以以每小时跳 600 次的速率连续跳上 3 天。

世界上最长的软体动物要数枪乌贼了，据记载，人们所知的最大的枪乌贼有 17 米长

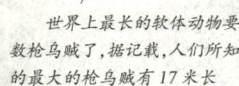

跑得最快的动物

猎豹是跑得最快的动物，它追捕鹿类、羚羊这样的猎物，时速能达到 110 千米。不过，它的耐力非常差，如果是长距离，猎豹就坚持不住最快的速度，所以它通常尽力捕捉近处的猎物。

65

交流的产物
动物的情感

动物,尤其是高等群居的动物,都会或多或少地表现出一些带有感情色彩的行为,这些行为构成了动物的情感世界,成年动物会照顾自己的幼仔,同一群体的动物会互相帮助,即使不同种类的动物有时候也会互相帮助,产生互相依赖的生活行为。

舐犊情深——亲情

骨肉亲情是天生的感情,不仅仅是人,动物当中的亲子行为也随处可见:大猩猩母亲不停地帮它的幼儿梳理毛发,以维持它们身体的清洁和舒适;鲸会不知疲倦地护卫着自己的幼鲸,以防它们受到捕食者的侵袭;海牛妈妈总是用双鳍把孩子搂在怀里,以防它被急流冲走……在动物身上,像这样鞠躬尽瘁、无条件付出的爱不胜枚举,它们同样把父母对子女那种呵护有加的亲密情感发挥得淋漓尽致。

大熊猫妈妈

为了专心致志地抚育幼崽,大熊猫妈妈一般一胎只生一个。它要把孩子养育一年或更长的时间,当它认为孩子完全可以活下来后,才放心让宝宝独立生活。在这之前,它一般走到哪儿就会把自己的孩子带到哪儿。

嗷嗷待哺

尽管许多小鸟出壳后就能独立活动,但它们的翅膀还没有长出能飞翔的羽毛,所以通常都是躲在灌丛中比较隐蔽的巢穴中,等待自己的双亲寻找食物来喂养。

动物植物百科

用心良苦

为了让宝宝住得舒服，獾妈妈通常会把自己孩子的窝弄得很干净。它们定期给自己的洞穴换上新鲜的干草和叶子，有时甚至还在洞穴附近挖一个坑，作为卫生间呢。

河马宝宝一般都寸步不离自己的妈妈，一旦它走开去，妈妈就会用巨大的口鼻去撞它，直到它不再离开为止。

妈妈背上的童年

生活在热带雨林的小狐猴刚出生时，还不会行走，它们只好骑在妈妈的背上。狐猴妈妈常常从一棵树跳到另一棵树上，所以，它们背上的小狐猴就像是在荡秋千一样，稍不注意就会从妈妈身上掉下来，非常惊险。

小企鹅的慈父

跟别的鸟不同，小企鹅是由爸爸孵化出来的。雄企鹅把蛋放在温暖的脚背上，用肚子上的毛把它盖住。为了不让蛋滚落到雪地上，雄企鹅总要保持双脚的平衡，它们得将这种双脚捧蛋的姿势保持到来年春天，直到小企鹅孵化出壳，非常辛苦。

选择新朋友——友情合作

动物世界中除了充满血腥的生存竞争,也存在着有如人类一样感人至深的友谊,它们也不乏一些"互助互爱""扶危救难"的行为和事例,比如蚂蚁能舍己为人地谦让食物,大象会为失去同伴情绪低落……可是,为什么会出现这种互助和利他的行为呢?大多数动物学家认为处于一种本能,但是也有人并不赞同。动物们的友谊是一个令人着迷的话题,但是直到现在,还没有人能对动物的友谊作出满意的解释。

寄居蟹与海葵

寄居蟹总喜欢携带着"好朋友"海葵在海底旅行。海葵花瓣一样的触手带刺,而且有毒,不仅可以捕捉小动物,还可以充当寄居蟹的"保镖",保护它的安全;同时,寄居蟹"携带"海葵在海底四处游走,为海葵增加了捕食机会。

斑马与长颈鹿

斑马喜欢在长颈鹿附近活动,那是因为长颈鹿是世界上最高的动物,站得高看得远,它能及时发现远处野兽的活动情况,只要远处的猛兽一出现,斑马马上就可以从长颈鹿那里得到"情报",及时做好逃跑的准备。

鳄鱼与千鸟

鳄鱼对千鸟很友好,每当它们吃完东西后,就会张大嘴巴,让千鸟飞到它们的嘴里,把牙缝中残留的食物或小虫子剔出来。这样,千鸟就成了鳄鱼的"保健牙医"。

千鸟寻到食物的同时,也充当了鳄鱼的"保健牙医"

犀牛与牛鹭

健壮勇猛的犀牛和一种叫牛鹭的小鸟是"好朋友",这些小鸟专门停在犀牛身上,啄食它身上的寄生虫,这样既填饱了肚子,又清洁了犀牛的身躯,终生"侍候"着犀牛。

热心的绿林戴胜

绿林戴胜性格"外向",它们特别喜欢"帮助别人",如果哪位戴胜妈妈要出去寻找食物,其他的成员就会主动而热情地帮忙照顾它的宝宝。

动物的浪漫——求爱

动物们要繁衍后代,生儿育女,都会历经寻求配偶的过程。找到了自己中意的"心上人",它们就会使尽浑身解数,通过各种各样的方式来表达自己的爱意:座头鲸用动听的歌声,蝴蝶用婀娜的舞蹈,萤火虫用美丽的亮光来吸引异性;螃蟹通过建造宅院来展示自己的才华……动物们的求爱绝技形形色色,其间的小秘密自然也其乐无穷。

建"洞房"迎"新娘"

螃蟹求爱是非常讲求实际的,它们很重视"洞房"的作用。因此,雄蟹在繁殖季节会花上1个小时在沙滩上挖出一个几十平方厘米的螺旋状的"洞房",完工后,雄蟹便在洞口等着"新娘"的到来。

珍贵的信物

雄企鹅是用卵石寻偶求爱的。要在冰天雪地里找到一块光洁的卵石非常难,雄企鹅往往徘徊一天至数天,才能找到理想的礼物。

特别的红喉囊

雄军舰鸟把喉囊膨胀成一个颜色鲜红的大口袋来展示自己的英俊形象,并不断地围绕雌鸟跳着欢快的圆圈舞。如果雌鸟也对雄鸟有意,它就会随着雄鸟的节奏翩翩起舞。

蓝色爱巢

澳大利亚的园丁鸟很喜欢蓝色,为吸引配偶,雄鸟会用树枝搭建一个巢,并用自己的唾液与蓝莓的汁液相混合,把鸟巢染成蓝色。如果雌鸟喜欢上这个鸟巢,它们就会住进来同雄鸟进行婚配。

不浪漫的求爱招术

黑犀牛一点也不浪漫,低吼、攻击、以头或角冲撞、以脚刨地、排便、分散粪便,这些不"文雅"的动作便是它们求爱的绝招。

燕鸥的"聘礼"

雄燕鸥求爱时会叼来一条小鱼,放在雌燕鸥旁边,如果雌燕鸥经不起诱惑,看了小鱼一眼,雄燕鸥便会抓住时机,大献殷勤,劝雌燕鸥收下"礼物"。如果雌燕鸥吃了小鱼,它便会乖乖地同雄燕鸥结成姻缘,比翼齐飞。

辛劳的动物父母——繁殖

当我们赞美动物界动人的爱情故事时,往往会感动与哀叹。殊不知大部分动物争夺配偶仅仅是为了繁殖与生育。决斗中获胜者将优秀的基因遗传下去,从而保证整个种群有更大的竞争优势。根据达尔文的进化论,这些有优势的物种生存下来了,其他的则已灭绝或正在灭绝。

枯叶蝶

枯叶蝶产卵很有趣。它们将卵产在寄生植物上方 0.5 米左右的树枝上,幼虫从卵中孵化出来以后,就会吐出游丝下降,依靠风力吹动荡漾而最终到达寄生植物的叶面上。

大河蚌的产卵数量可算世界之最。每年,雌河蚌会产下一大团卵,卵的数量至少有十亿个之多。

腔肠动物

腔肠动物的繁殖方法多种多样,有出芽生殖、分裂生殖和有性生殖。有的还会进行世代交替:水螅型出芽生殖产生水母型,水母产生精子和卵,受精后发育成水螅型的腔肠动物。

海 龟

海龟在每年的 4～10 月繁殖后代,它们在夜晚悄悄地爬上沙滩,用四肢挖出一个较大的沙坑,把卵产在里面,然后用沙填平以免被发现,这以后它们就再也不过问子女的成长发育了。太阳会帮助它们孵化沙坑中的卵,而那些出壳的小家伙不得不自己爬向大海。

象海豹

每当 8～9 月份繁殖季节来临时，成群结队的象海豹便跑上岸来，开始占领地盘，寻找配偶，此时的海滩成了象海豹的乐园。

屎壳郎

屎壳郎推粪球是为了繁殖后代。动物粪便为幼虫的成长提供了最佳养料。它从卵到幼虫，直到化蛹成虫，都不得不在粪球中度过。

蝴蝶要经过卵、幼虫、蛹、成虫四个阶段的成长，才算完成一生。

鹈鹕

鹈鹕的繁殖季节在夏季，每当这个时候，它的嘴上就会鼓起一个球形物。它们鼓起喉部的目的是为了帮助散热，这跟狗伸出舌头散热是一个道理。

雄海马

生殖期来临时，雄海马腹部充血，皮褶愈合成一个"育儿袋"。雌海马将卵产入雄海马的"育儿袋"中，卵在袋内受精、孵化。当小海马发育完善后，雄海马就不停地摆动，使育儿袋的口被迫张开，一条条小海马就被喷了出来。

奇特的宝宝——形形色色的蛋

大多数人都认为只有鸟类才会生蛋,事实上两栖类、爬虫、鱼类等动物也是以生蛋来繁殖后代的。如果我们把各种动物的蛋做个比较,可以发现很多有趣的小秘密哦!蛋或卵的形状和手感都是不一样的,乌龟的蛋软而有韧性,大小和高尔夫球差不多;蝴蝶的卵很小,常常会散发出一种光泽,就像闪光的珠宝一样;而鱼卵也并非都是圆形的,不同的鱼卵具有不同的形状,如圆形、蝌蚪形、螺旋形,还有像小肚兜那样形状的。

蛋与卵

不是只有鸟才会下蛋,鱼、青蛙、蛇、乌龟、昆虫、蜘蛛等都会下蛋,只是有些蛋我们把它叫做卵。

海龟通常会把卵产到海滩的沙坑里

鸵鸟蛋

鸡蛋

蛋黄是营养成分最集中的地方,包括脂肪、胆固醇、无机盐和维生素

鸟蛋的结构

鸟蛋里面有三种东西:小鸟的胚胎、蛋黄、蛋清。蛋黄和蛋清都是胚胎生长所需的食物,蛋清另外还有保护作用,一旦鸟蛋被弄破,蛋清可以保护里面的小鸟胚胎免受伤害。

鸟蛋的形状

鸟类堪称"产蛋大师",它们的蛋不仅体积最大、种类最多,而且最有趣。鸟蛋的形状直接取决于鸟类的栖息环境,生活在陆地上的鸟类产圆头蛋;栖居在悬崖边的鸟类产尖头蛋,这样不会轻易滚落坠崖;绝大多数鸟蛋是椭圆形的,这样的蛋所占空间小,而且蛋一头胖大,一头尖小,这样有利于聚集在巢中孵化。除了椭圆形的外,鸟蛋还有球形的,如猫头鹰、翠鸟、啄木鸟的蛋;陀螺形的,如燕鸥和一些海鸟的蛋。

杜鹃蛋

山雀蛋

鹅每年产卵量从几十个至上百个不等,其蛋壳呈纯白或浅绿色

宫廷珍贵食品

鹌鹑在春天繁殖,雌鸟一窝可产下10多个圆圆的鹌鹑蛋。鹌鹑蛋营养十分丰富,是食物中的珍品,而且还具有很高的药用价值,古代帝王将相都喜欢食用,所以有"宫廷珍贵食品"的美誉。

蛋中"畸形儿"

有时,鸟类在产蛋的过程中偶尔也会出现一些异常情况,比如一个蛋里出现两个蛋黄,或者蛋的大小跟正常情况不一样等。

天生的伪装

许多涉禽的蛋,蛋壳都是带斑点的,花花的,这些斑点起着保护和隐蔽的作用,可以防止蛋被敌害盗食。

鹌鹑蛋

快乐的童年——动物宝宝

在生命循环中，大自然有许多惊人之处。野生动物在漫长的进化过程中，"适者生存"的竞争从它们还在襁褓中便开始了。例如，虎鲨的胎儿在子宫内便会自相残杀，只有胜者才能出生；小长颈鹿在分娩时从将近2米的高度坠地，居然毫发无伤；袋鼠宝宝的体长竟然只有2.5厘米；刚出生的小老虎体重仅为780～1 600克。

小　蛇

小蛇孵化后，通常不会忙着出壳。它们会先把脑袋探出壳外，看看周围的情况再决定是否出壳。出壳之前，这些小家伙都喜欢在壳里待上一两天，因为那里相对比较安全。

幼　鹿

幼鹿的腿力很弱，它无法逃脱饥饿的美洲豹或狼的追击。所以，有危险时，幼鹿就会一动不动地躲在隐蔽处，等待危险过去。它们身上的斑纹在光影斑斓的树林中可以起到很好的隐蔽作用。

长颈鹿妈妈生产时是站着的，因此宝宝一出生就会掉落到2米下的地面。小长颈鹿出生后没几分钟，就会站起来，这时候它的身高已经有2米了，比大部分成年人都高

大家庭的宝贝

狮子宝宝也许和其他动物宝宝相比要幸福得多，因为它除了母亲以外，还有一大群姨妈来关心。但是当流浪的雄狮闯进家园时，如果爸爸被敌人打败，这些狮子宝宝就要被杀害。

小鸭子

小鸭子从壳里被孵化出来后,第一眼看到的会动的东西通常是它们的妈妈。以后的日子里,它们就跟妈妈形影不离。要是它们走开去,只要听到妈妈嘎嘎一叫,就会回来,乖乖地排成一行跟着妈妈走。

母亲的育儿袋

大约要8个月的时间,袋鼠妈妈才认为宝宝可以出来活动,而且在很长一段时间内,小袋鼠还会在里面睡觉。当危险来临或需要旅行时,小家伙还会跳进母亲的育儿袋中。

雌性日本猕猴会与种群中全体雄性猕猴进行交配。这种方式使种群中的雄性无法知道到底哪个猕猴宝宝是自己的后代,所以就不会冒险杀死任何一个猕猴宝宝。于是雌性猕猴就这样保护了自己的孩子。

快乐的童年

相对其他动物来说,幼象有一个时间较长而快乐的童年。母象一般哺乳幼象到三四岁。甚至直到15岁,它们还都会被视为是整个象群的小宝贝。

植物王国的成员
植物的分类

很久以前，人类就开始研究植物，并发现植物具有不同的种类。几千年来，人们发现了数十万种植物，并为很多常见的植物取了名字，发现新植物种类成为现在的植物学家和业余爱好者的工作之一。通过对植物进行分类，人们可以更好地研究植物，归纳植物的一般属性，进而指导人们在实际中识别不同种类的植物。

大自然的生产者——什么是植物

植物的身影几乎遍及地球上的每一个角落,它们是大自然家庭里最重要的一个成员,因为它们制造出了地球上所有生物赖以生存的氧气和食物。世界上的植物共有 40 多万种,每种植物都有自己生存的特定环境,它们的大小、形状都各不相同。

植物的构成

植物通常由根、茎、叶、花和果实 5 部分组成。根、茎、叶是负责输送植物生长所需的水和营养物质等;花朵里含有生殖器官;果实就是植物的种子或包裹种子的部分,用来传宗接代。

蜂鸟

植物的名字

植物取名跟它们某方面的性状有关联。比如花开得像铃铛的风铃草是以它的形状来命名的;具有活动筋骨功能的伸筋草是以它的用途命名的;像月季花,因为它每月都开花,所以得了一个与开花时间有关的名字。

春暖花开,万物复苏,到处一片生机盎然的景象。

荷花在夏季盛开

植物的分类

植物按结不结种子可以分成不结种子的孢子植物和结种子的种子植物两大类。种子植物当中,种子裸露的植物称为"裸子植物",能开出鲜艳花朵的称为"被子植物"。

冬天仍然身披绿装的针叶树

植物的四季轮回

植物的生长跟气候有关，只有在合适的温度、湿度和光照条件下，它们才能很好地生长。所以，大多数植物会随着四季交替周而复始地生长。一般来说，它们在春天发芽、开花，夏天生长、结果；秋天落叶枯萎；冬天冬眠或者死亡。

绿色的植物

地球上的大多数植物都是绿色的，这是因为这些植物的叶片里含有丰富的叶绿素的缘故。

植物与动物的区别

植物与动物都属于自然界的生物，但它们也有明显的区别。植物只能在原地不动地生活，而动物却喜欢运动；植物长大后会开花结果，动物却不会长出新的器官；植物能依靠自己制造食物，而动物要靠吃植物或别的动物为生。

秋天来临时，银杏树叶变黄了

植物的衍化

煤炭是一种黑色的石块，它实际上是成千上万年前的植物变成的，那些植物长成大森林，后来因为地质变化被掩埋到了很深的地下，经过复杂的化学作用就变成了今天的煤。

低等植物

人们所说的低等植物不是外形简单的，也不是矮小的，而是指那些繁殖方式简单、多生长在阴湿地区或水中的植物。苔藓、藻类、蕨类等都属于低等植物。

不结种子的植物——孢子植物

有些植物在自然界中从不开花结果，而是靠散发孢子来传播繁殖的，如藻类、地衣、苔藓和蕨类，我们把这些不结种子的植物叫作"孢子植物"。孢子植物是地球上最古老的生命类群，它们大多生长在潮湿、阴暗的地方。

红藻

古老而低等的藻类

藻类植物的植物体构造比较简单，没有根、茎、叶的分化，是一种古老而低等的植物，不过，它含有叶绿素或者其他辅助色素，能够进行光合作用。

红 藻

红藻绝大多数分布于海水中，固着于岩石等物体上，因为它体内的藻红素较其他色素占优势，所以藻体呈紫色或玫瑰红色。

绿 藻

绿藻是藻类植物中最大的一个群类，具有叶绿体的它们有多种多样的形状，如杯状、环带状、螺旋带状、网状等，多分布于淡水中，有些分布于陆地阴湿处，有些生于海水中，还有的与真菌共生成地衣。

海 带

海带是一种长在海底岩石上的褐藻，它长着长长的咖啡色的叶子，而且叶子的中间厚、两边薄。它全身上下很光滑，新鲜时好像涂了一层蜡充满光泽。

海带的底部有假根，可以牢牢抓住海底的礁石或贝壳，抵御海浪的冲击。

动物植物百科

藻类的生存环境

绝大多数藻类植物生活在水中,也有少数长在潮湿的岩石上、土壤里或者树皮的表面。它们有的能在很冷的环境中生存,有的能耐高温。

褐 藻

绝大部分褐藻生活在海水中,因为体内大量含有一种叫墨角藻黄素的色素而呈现褐色。褐藻都是多细胞植物体,是藻类植物中形态构造分化得最高级的一类。

褐藻是构成海底"森林"的主要群类

如果把400个硅藻排成一列,仅相当于1个米粒的长度。

硅 藻

硅藻是一类极小的藻类,它的最大特点是外壳坚硬,而且布满花纹,如果在显微镜下来看,就像一件漂亮的工艺品。

蕨 类

蕨类是较高等的孢子植物。它们不仅有茎和叶,还有真正的根。刚出生的蕨类,幼小的叶子都是弯曲的,长大后会逐渐展开。

松萝是一种枝状地衣,它长得很像老爷爷的胡须,长长地垂在高大的松树枝上。

毛茸茸的苔藓,就像一块碧绿的油毡,它有很强的吸水能力,可以防止水土流失。

裸露着种子的植物——裸子植物

植物王国当中,有一类植物用来繁育后代的种子是没有被果皮包裹着的,我们把这些裸露着种子的植物称为"裸子植物"。裸子植物是地球上最早以种子来繁殖的植物,它们在当今覆盖地球的森林中占据了大约80%的份额,但种类只有800多种,是植物界中种类最少的。

落叶松等针叶林的种子是松鼠的主要食物

落叶松

欧洲阿尔卑斯山的落叶松非常有趣,当繁育的嫩苗被羊群吃掉后,很快便会长出一簇刺针来,一旦羊群再犯,它们会刺中羊的身体,让羊群无法接近。

百山祖冷杉

百山祖冷杉被誉为是第四纪冰川的活化石,曾被世界野生动植物组织列为世界上最濒危的12种植物之一。

最早用种子繁殖

裸子植物的优越性主要表现为用种子繁殖。它是地球上最早用种子进行有性繁殖的,在此之前出现的藻类和蕨类都是以孢子进行有性生殖的。

金色活化石

银杏的历史非常悠久,它们的祖先2.7亿年前就生活在地球上了,但后来大多种类都死去了,仅遗留下了一种,所以珍贵的它又被人称为"金色活化石"。银杏树外形很美观,叶子就像一把小小的扇子。因为它的生长速度非常缓慢,常常是爷爷栽下去的树,到孙子那一辈才能吃到它结的果实,所以人们又把它叫作"公孙树"。

银杏树还具有很强的抗污染能力

云杉

云杉是依靠风力传播花粉的，它的花粉每秒下降6厘米，虽不及下落的雨滴的速度，但却是各种花粉中下落得最快的。

苏铁

苏铁又叫作铁树，样子长得像棕榈，多生长在热带地区，是一种稀少而珍贵的裸子植物。许多人都认为苏铁不会开花，但实际上，只要温度适宜，铁树还是能连年开花的。

云杉

温带的苏铁难得开花，所以人们常用"铁树开花"来比喻稀奇罕见的事。

针叶树

针叶树是一种常见的裸子植物，它的叶子尖尖的、很细小，像针一样，所以得名。松树、柏树和杉树等都属于针叶树，它们的外形像一座尖尖的三角形宝塔。

长命百岁的叶子

在非洲热带沙漠中，有一种叫百岁兰的裸子植物，它一生只长两片叶子，不会脱落换新叶，可以活到100年，称得上是世界上最长寿的叶子了。

有的百岁兰的叶子有两三米长，35厘米宽，就像一条又宽又长的绿色皮带。

地位最高级的植物——被子植物

被子植物是植物界中数量最多、结构最复杂、进化地位最高级的植物类群,几乎适应任何环境。与其他类型的植物相比,它们具有根、茎、叶、花、果实和种子,而且种子的外面有果皮包被着。被子植物的外形差异很大,有参天大树也有娇嫩小草,有蔬菜水果也有鲜花药材。总之,它们和人类的关系非常密切。

最多的种类

菊科是被子植物中种类最多的一科。它最重要的特征是由许多小花簇拥在一起形成美丽的头状花序,使昆虫很容易发现传粉的目标。菊科有大量的药用、观赏和经济植物,如蒲公英、向日葵、蓟等。

高等植物

被子植物最突出的特征是可以开花结果,产生种子来繁殖后代。之所以说它是一种高等植物,是因为它的受精过程不需要水,而且多数被子植物具有导管,导管上下贯通。

单子叶植物

单子叶植物只有一片子叶,它没有形成层,叶脉之间互相平等,花瓣数为3或3的倍数,而且都是须根系。常见的有水稻、大麦、小麦、高粱、玉米、香蕉、凤梨、水仙、棕榈、椰子和兰花等。

花中君子

兰花自古以来就以其简单朴素的形态和高雅俊秀的风姿赢得了人们的敬重,被尊为"花中君子",成为超凡脱俗、高雅纯洁的象征,其花具有淡雅之香,被人赞誉为"国香",它也是中国传统十大名花之一。

芍药与牡丹花

芍药是一种观赏性很强的经济植物,它和牡丹的花形很相似,要辨别它们应从茎干入手,牡丹的茎是坚硬的木质;而芍药却是柔软多汁的草质茎。另外,芍药的叶子呈尖椭圆形,牡丹的叶子呈鹅掌状。

兰花

牡丹的叶子像鹅掌,长在低矮的枝干上,每到初夏时,牡丹花就层层叠叠地绽放,显得雍容华贵。

中国十大名花

中国传统的十大名花是指:牡丹、月季、兰花、杜鹃花、梅花、水仙花、菊花、桂花、荷花、山茶花。

单子叶植物和双子叶植物

根据被子植物种子里子叶的数目是一片还是两片,我们将其分为单子叶植物和双子叶植物两大类。除了子叶的不同,我们还可以根据叶脉和根系的不同来区分这两类植物。

绞股蓝

绞股蓝

绞股蓝是一种草本攀援植物,在日本有"福音草"的美誉,它内含多种对人体有益的皂甙、维生素和氨基酸,对高血压、冠心病、糖尿病、肿瘤等具有良好的防治效果。

无根的植物——苔藓植物

在阳光照不到的墙角下或大树根旁边我们常常可以找到绿色的苔藓植物,这是一类非常低等的植物,它们没有真正的根,大多生长在阴湿的树干上或岩石上。常见的苔藓植物有地钱、葫芦藓、墙藓、泥炭藓等。

苔与藓

苔藓植物可以分为苔和藓两大类。苔类植物的身体通常呈扁平状,贴着地面生长,而藓类植物则大多数都有略为明显的茎和叶子,笔直着向上生长。

苔藓植物

苔藓植物的特点

苔藓植物的植株十分矮小,几乎都只有几厘米长,因为它们的受精过程离不开水,所以它们喜欢生长在阴暗潮湿的环境中,毛茸茸地拥挤在角落里。

苔藓与土壤

有些苔藓植物只能生长在酸性或碱性的土壤中,所以苔藓植物又具有指示土壤性质的作用。

泥炭藓的植物体具有很强的吸水力,可以用来铺苗床。泥炭藓消毒后还可以代替药棉。

泥炭藓与泥炭

泥炭藓生长在沼泽的边缘,以后逐渐伸入到水中并浮在水面上,最后将沼泽全部覆盖住。由于上面的藓继续生长,压在下面死去的泥炭藓因为缺乏氧气不易腐烂,积聚日多,最后在沼泽中形成泥炭。

低等植物

苔藓植物没有真正的根，只有假根起固定作用。它们一般具有茎和叶，但是茎叶里没有输导组织，它的受精作用离不开水，适于生活在阴湿环境中。所以，苔藓植物也是一种低等植物。

苔藓植物的作用

苔藓植物常常成丛、密集生长在阴湿环境中，覆盖了地面，减少雨水对土壤的冲刷，起着保持、涵养水分的作用。

地钱因为绿色扁平的叶状体贴地生长，外形很像中国古代的钱币而得名。

苔藓植物比蕨类植物要矮小

地　钱

地钱是一种贴地生长的苔藓植物，它的植物体没有根、茎、叶的区分，依靠假根固定在地面。地钱是雌雄异株的植物，它的生殖过程必须依靠水才能完成。

葫芦藓

葫芦藓是典型的苔藓植物，它的身高仅有1.5厘米左右，它的叶子又小又薄，没有叶脉，大多由一层细胞组成，小得几乎看不到，但是因为叶片细胞内含有叶绿体，所以依然能进行光合作用。

葫芦藓长得十分矮小，只能生活在阴湿的环境中。

墙　藓

墙藓生长在平原及山地阴湿的石灰岩和石灰旧墙上，它的植株高仅有1～3厘米。墙藓没有真正的根，只有在茎的基部密生的红棕色短而细的假根，主要起固着植物体的作用。

最古老的植物——蕨类植物

蕨类是古老的植物种类，大约 300 万年前出现在地球上，它的形成与煤的形成大约处于同一时期。蕨类植物是没有花的植物，但它是所有依靠孢子进行繁殖的植物中，最高等，最进化的一类。常见的蕨类植物有：肾蕨、满江红、铁线蕨、贯众、树蕨、苏铁蕨等，它们绝大多数生活在热带雨林地区。

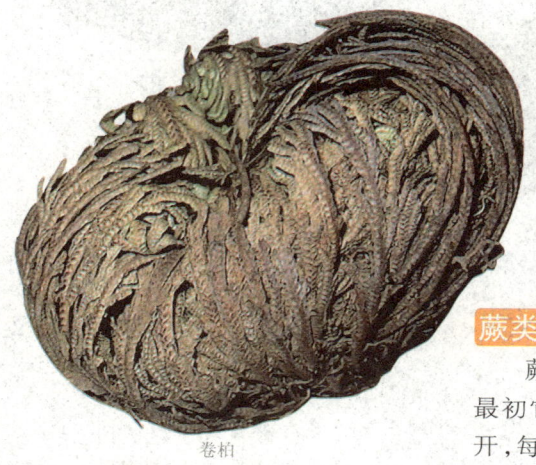

卷柏

蕨类的祖先

蕨类植物的祖先是一种非常古老的羊齿植物，刚出现的时候，它们没有根，也没有叶子和花，后来渐渐长出了根和叶子，并且长成了高大茂密的森林。

蕨类的叶子

蕨类的叶子呈环状从地下长出，最初它紧紧卷曲，随着不断生长而展开，每片叶子都由许多小叶片组成。

依靠孢子繁殖

蕨类植物是依靠孢子进行繁殖的，它的孢子储藏在叶片背面的小囊中，当孢子成熟，小囊会爆裂，并将孢子向各个方向喷射。

桫椤

最著名的蕨类是桫椤，它也叫树蕨，是"蕨类之王"，是蕨类植物中的木本植物。它的树形美观，枝繁叶茂，看上去像一把遮阳伞。

因为铁线蕨黑色的叶柄纤细而有光泽,加上其柔美的质感,好似少女柔软的头发,因此又有"少女的发丝"之称。

铁线蕨

铁线蕨又称铁丝草、铁线草,因为叶柄细长坚硬似铁线而得名。在蕨类植物中,铁线蕨是栽培最普及的种类之一,因为它茎叶秀丽多姿,形态优美,株型小巧,极适合小盆栽培和点缀山石盆景。

苏铁蕨

苏铁蕨是珍贵古老的植物,因为形状似苏铁而得名。和大多数喜阴凉、湿润环境的蕨类不同,苏铁蕨生长在干旱的荒坡上,而且还十分喜欢阳光。

最早登陆的植物是裸蕨

肾　蕨

肾蕨是一种低等的蕨类植物,亦称"圆羊齿""蜈蚣草",原产于热带及亚热带地区,喜温暖湿润的环境,不耐寒。它四季常青,叶形秀丽挺拔,叶色翠绿光滑,是制作花篮和插花极好的配叶材料。

植物的身体
植物的结构与环境

作为高级生物，植物也具有身体结构，它们的身体结构和动物的完全不一样。它们的根紧紧地扎在土壤里，并从中吸取水分和少量营养元素；它们的叶子翠绿可人，从空气中吸取二氧化碳，合成有机物；它们的花美丽芬芳，吸引昆虫传播花粉，并孕育种子。

地位最高级的植物——根

根生长在地下，平常很少让人见到，但它却是植物最重要的组成部分之一，它就像是植物的"嘴巴"，能从泥土里吸收供植物生长和发育的营养和水分；它还能充当植物的"脚"，让植物站稳脚跟，不怕风吹雨打。不同的根具有不同的作用，有的能支撑身体；有的能帮助呼吸；有的能攀爬；有的能贮藏营养。

直根系

植物的根有两种类型，其中一种是直根系，是由粗壮发达的主根、主根上长出的侧根及侧根上长出的细根共同组成的，如大豆、棉花等植物的根。

秋海棠

须根系

植物还有另外一种根系叫做须根系，它是由一大簇粗细差不多一样的根组成，好似乱蓬蓬的胡须。玉米、水稻、高粱等的根都属于须根系。

变态的块根

块根是由侧根或不定根膨大而形成的一种变态根，它可以形成许多个块根，而不像贮藏根那样只能由主根膨大而成。我们都吃过的红薯就是块根。

不定根

大多数植物的根都是由种子的胚根形成的，有一定的生长部位。但是有些植物的根生长部位却不一定，从它的茎、叶子或者原有的老根地方也会长出根来，这种根就是不定根。

秋海棠的不定根

秋海棠拥有不定根，如果把它的半片叶子埋到湿润的沙土中，在足够温暖的条件下，叶子的切口处就可以长出一缕缕的根。

玉米的须根

管子一样的根毛

根在植物的身体里就好像是一张"嘴巴",它伸到土壤里吸收其中的水分和矿物质,供应植物的生长需要。不过,完成这项工作的并不是根,而是长在根尖表面的无数根毛,它们伸展在土里,就像一个个细小的吸管。

为了吸收到更多的营养,植物的根总是往更深、更广的土壤中伸展

榕树的气生根

有一种类型的根是露在空气中的,叫作气生根,比如榕树的根。它是从树干或树枝上长出的,有几百条甚至上千条之多,而且越长越长,越长越粗,当它们垂入地下后,几乎就和粗壮的树干一样,看上去就像一片树林,其实这只是一棵独木。

胡萝卜的贮藏根

有一种根能贮藏营养,叫做贮藏根,因为这种根特别肥大,所以又叫做肉质根。胡萝卜的根就是这样的,不但可以吸收土里的水分和矿物质,还能贮藏营养物质,相当于一个营养仓库。

红树林的呼吸根

有一种类型的根能像鼻子一样伸出地面来呼吸,叫做呼吸根,比如生长在沼泽地带的红树林,它的根埋在淤泥里,因为淤泥内的氧气很少,为了呼吸到足够的氧气,它的根就只能向上生长并破土而出。

植物的根有明显的向水性,它会朝着水源充足的地方生长,有时会深入到地下几十米的地方。

块根和贮藏根的相同之处在于它们都可以贮藏营养

植物的运输通道——茎

植物的茎大多笔直地挺立在地面上，茎枝上长着叶子、花朵和果实，在支撑植物的同时，也充当着根和叶的运输通道。但有些植物的茎因为生长的需要发生了变异，形状变得让人难以辨认，同时还具有了新的功能，这样的茎叫做"变态茎"，植物的地下茎就是典型的变态茎。

藕的地下茎

藕是荷花的地下茎，它像根一样长在淤泥里。藕里面有十多个长长的空心圆孔，这是藕的通气孔，因为它在水下淤泥中缺少空气，有了通气孔，就能把叶子吸来的空气送往茎的各个部分了。

芦苇

芦苇的地下茎是芦苇在土中横向和竖立生的茎，具有匍匐性，它常常被人误称为芦苇的"根"。其实，它是根状茎，并且是中空的。

荸荠

我们平常吃的荸荠，像一个紫红色的扁球，它长在水田的淤泥中，但却不是根，而是变态茎中的球茎。

姜粗肥而肉质的根状茎

荸荠

变态的地下茎

有些植物的茎也是长在地下的，植物的地下茎都是变态茎，它们在外表上与地上茎有着明显的不同。地下茎根据形状分为根状茎、块茎、球茎和鳞茎几种。

层层包裹的鳞茎

生长在地下的鳞茎是一种球形体或扁球形体，由肥厚的鳞片层层包裹构成，最里层的中央有一小的底盘，就是它退化了的茎。洋葱、蒜头、水仙、百合等都属于鳞茎。

洋葱头

洋葱头的茎属于鳞茎，它的四周有许多肥厚的肉质鳞片叶子，仿佛人们身上的衣服一样，层层紧包。这些鳞片叶不但可以保护鳞茎内部的幼芽，还能储藏养料。

又肥又胖的块茎

块茎是一种短而肥厚的地下茎，上面生有芽点，呈圆滚滚的块状个头。块茎的独特功能在于它是植物体内营养的储存仓库，所以马铃薯、山芋这样的块茎都显得又肥又胖。

竹子的地上茎与地下茎

长在地面的竹竿就是竹子的茎，这是它的地上茎。竹子还有一种长在泥土中的地下茎，那叫作"竹鞭"，因为竹鞭有着根的形状，所以竹子的地下茎属于根状茎。

竹子的地上茎

土豆的块茎

植物的"绿色工厂"——叶

叶子被称为是植物的"绿色工厂",这一点也不奇怪,因为它能通过叶绿素把太阳的能量和空气中的二氧化碳气体转化成营养供植物吸收,还能储存营养,供动物和人类利用。此外,叶子还能"呼吸",并且在"呼吸"过程中释放出氧气和水蒸气,对各种生物的生存、生长都非常有利。

叶子的结构

叶子由表皮、叶肉和叶脉三部分组成。如果我们把叶子比做一个绿色工厂,叶片的上下表皮就是工厂的围墙;叶肉就等于是厂里的生产车间,而在车间里起重要作用的就是叶绿体;叶脉是工厂里的传输系统。这三大部分相互配合,让叶子在植物上正常工作。

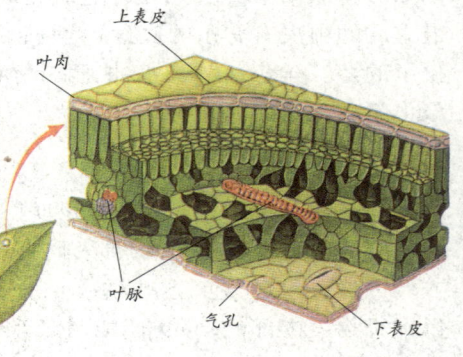

会"爬"的叶子

豌豆的叶子前端有几片小叶变成了卷须,它就是靠这样的卷须,顺着其他物体的身体攀爬生长,所以我们说,这是一种会"爬"的叶子。

会爬的豌豆叶子

仙人球

仙人球看上去没有叶子,实际上那一根根的尖刺就是由它的叶子变态而成的。这样演变的好处是可以大大降低水分的蒸发,以适应干旱缺水的环境。

颜色的秘密

不同植物的叶子形状相差很大,但是大多数叶子却都是绿色的,这是因为叶子里面有一种小小的叶绿体,叶绿体里面又含有一种叫"叶绿素"的绿色物质,在叶绿素的作用下,叶子就呈现出绿色了。

动物植物百科

叶脉的作用

当我们将叶子对着阳光看，就会看到里面像"筋"一样的东西，那就是叶脉。叶脉可以支撑叶片，让叶片平坦舒展进而更大面积地享受到阳光。此外，叶脉还是叶片与根、茎保持联系的通道，它可以让水分和营养物质通畅地输送到叶片的每一个角落。

喷洒到叶片上的肥料或者农药有一部分也会通过气孔进入植物体内

叶片上的气孔

如果把叶子拿到显微镜下观察，就会看到上面有许多微小的孔隙，这些就是植物的气孔。气孔是植物与外界进行气体交换的通道，同时也是体内水分蒸发的出口。

植物吐水的好处就是能把体内过多的水分和矿物质排泄掉

柑橘的叶，形似单叶，但其叶柄与叶片之间有关节，称为"单身复叶"

叶片吐水

清晨，我们常常能见到许多植物的尖端或者边缘垂挂着一颗颗晶莹的水珠，其实这并不是露水，它们是从植物的叶片内分泌出来的液体，科学家把这种现象称为吐水。

植物的"后代"——果实和种子

果实和种子是植物最重要的两部分,果实是植物的花经过传粉受精后,由雌蕊的某一部分发育而成的器官。果实分为单果、聚合果和聚花果三大类。种子一般包裹在果实里面,被誉为植物的"命根子",因为它肩负着传宗接代的重任,种子是贮藏营养最丰富的地方,含有淀粉、糖类、蛋白质等,我们人类所吃的食物很多都来自于植物的种子。

果实的结构

一颗成熟的果实一般分为三层,最外面一层是外果皮,例如,桃子皮、苹果皮等;中间一层叫中果皮,其实就是肥美多汁的果肉;最里面一层是内果皮,其实就是坚硬的核。而种子就藏在核里面。

多样的果实

果实是各种各样的,有的果肉很厚,果汁很多,我们叫它浆果,比如草莓的果实;有的外面是由皱巴巴的核包裹起来的,叫作核果,就像核桃;还有的果实是由许多小果实紧紧挤在一起的,称为"颖果",玉米就是颖果。

聚花果

聚花果是由许多花的子房及其他花器官共同形成的果实,如桑葚、无花果、菠萝等。

种子的寿命

种子的寿命一般都很短,一旦离开母体就丧失了发芽的能力。一颗种子如果能活到15年以上,就已经算是很长寿的了。

胚乳

种皮

种子的结构

种子的结构可以分为三层,最外面的一层是对种子起保护作用的种皮;中间两层是储藏能量物质的胚乳;最里面一层是可以发芽长大的胚。

单 果

多数植物的花只有一个雌蕊,形成一个果实,所以称为单果。单果分为:肉质果和干果。常见的肉质果有番茄、柑橘、西瓜和猕猴桃等;常见的干果有豌豆、玉米、向日葵和板栗等。

最大的种子

塞舌尔是非洲东部一个风光旖旎的岛国,岛上有一种身躯高大的海椰子树,它高15~20米,直径30厘米,它的种子海椰子直径约50厘米,最大的可重达15千克。海椰子树的种子海椰子是世界上最大的种子。

海椰子

刚萌发的种子,幼根向下伸向泥土,渐渐长成一棵嫩绿的幼苗,去接受阳光的洗礼

无心的播种

松鼠有储存食物的习惯,每年秋天种子成熟时,它们就会采集许多下来储藏在临时挖好的洞穴中,以备过冬之需。可松鼠的记性不太好,常常忘记埋种子的地方,到了每年春暖花开的时候,那儿就会长出许多树苗来,所以,人们也称松鼠为"勤劳的播种者"。

生命的延续——种子传播的奥秘

植物和动物不同,它们生长在固定的地方,不能像动物一样走来走去,许多植物的后代其实并不一定是挨着它生长的,那么,到秋天植物的种子成熟时,它们都是依靠什么样巧妙的办法来传播种子的呢?

红皮柳

春天,我们常常看到柳絮飞扬的情形,这是由它传播种子时引起的。如果抓一团柳絮仔细观察会发现里面有些小颗粒,那是柳树的种子,柳树就是靠柳絮飞扬的方式把种子传播到远处去的。

柳絮

凤仙花

凤仙花

凤仙花的种果两头尖、中间粗,一碰果壳,它就会突然爆裂翻卷,把细小密集的种子向四周弹射出去,力求播撒均匀,这是机械传播种子的又一个典型。

苍耳

苍耳

苍耳的刺毛顶端带有倒钩,可以牢牢钩住物体,不易脱落,它就是用这种方法来传播种子的。在草原牧区,这种植物对毛纺织业是一大害,因为羊毛中夹有这种植物的刺毛会大大降低成品质量,以至毛纺工业有检毛刺的工序。

蒲公英

蒲公英的果实上有一丛蓬松的白色绒毛,这些绒毛聚集在一起,聚成一个白色的绒球,当风吹来时,绒球就像一把把被吹散的降落伞,随风飘扬,它们便随着风把种子散播到远方。

动物植物百科

酢浆草

有的植物靠机械方式将种子散播出去,比如酢浆草,它是一种很普通的野生杂草,开小黄花,花后结具有五棱的果实,成熟时,果沿室背裂开,果壳卷缩将种子弹出,抛射到远方。

酢浆草

椰 子

椰子的传播需要依靠流水的帮助才能完成。椰子成熟以后,落到海洋中,由于它外面裹着粗纤维组织,里面充满了空气,所以它能浮在水面上,随着海水漂流,一旦冲上海滩,很容易重新生长。

樱桃等植物的果实颜色鲜艳,味道也不错。它们能引来鸟儿啄食,种子再随鸟儿的粪便排出。

荷 花

荷花的果实是莲蓬,成熟时漂浮在水面上,样子如同一艘小船,随波逐流,把种子带到远方。等莲蓬腐烂了,种子也就沉到水底,到第二年春天便长出新的植株。

喷 瓜

喷瓜的果实是一个带毛刺的小"瓜",当它成熟时,稍有触动此"瓜"便会脱落,并从顶端将里面的种子连同黏液一起喷射出去,射程可达五六米远,喷瓜也因此而得名。

喷瓜

多彩多姿——世界各地的植物

植物的种类多种多样,分布地区也各不相同,无论是多盐的海滨、空气稀薄的高山、干旱少雨的沙漠,还是广阔繁茂的大草原以及水流平缓的河流地带,甚至还有严寒的极地,到处都有植物生生不息的身影。在这些气候环境各不相同的地区,植物是靠什么生长繁殖的呢?我们一起去寻找其中的答案吧!

海滨植物

由于海滩长期受到海水的浸润,土壤含盐量很高,而过多的盐分进入植物体内的话就会对植物产生致命的影响,因此海滨植物大都养成了耐盐的习性。主要有银叶树、椰子树、红树林等。

不怕盐的盐角草

最耐盐的植物

世界上最著名的耐盐植物是盐角草,它长着肥胖的肉质茎和叶子,里面含有大量盐分,能与细胞内的物质结合起来形成对植物没有危害的化合物,所以,它非常适合在盐土上生长。

高山植物的特点

高山植物通常体型矮小,全身贴着地面生长,成片地簇拥在一起,形成垫子一样的形状。它们的茎短小而密集,枝间填充着沙土和残叶,不但能抵御强风的吹袭,还能防止身体中水分和热量的散失。

大多数高山植物都有很长的根系,这样可以深深地插入岩石的缝隙里吸取生长所需的养分。

动物植物百科

雪 莲

雪莲是一种耐寒的高山植物,它生长在海拔4 800～5 800米的高山流石坡及雪线附近的碎石间,它的主根十分发达,可以插到石缝岩隙中去,吸收足够的水分和养料,适应高山粗砂碎石和寒冷干旱的环境。

雪莲被人们称为"傲冰斗雪的勇士"

沙漠植物

沙漠植物最大的特点就是耐旱性非常强,它们都有一套对付干旱的方法,它们擅长用自己特殊的器官来贮存水分。此外,它们还有发达的根,能够吸到很深很远地方的水。

最能贮水的草本植物

墨西哥沙漠中的巨柱仙人掌,长得像一根分叉的大柱子,通常有六七层楼那样高,粗得一个人抱不拢,在它那巨大的身躯里,竟贮存着一吨以上的水,是最能贮水的草本植物。

沙漠玫瑰喜欢干燥、阳光充足的环境,耐干旱不耐水湿,耐炎热不耐寒冷。

为了节约用水,仙人掌的气孔只有在夜晚才稍微张开,这样能有效地阻止水分从体内跑掉。

107

北极的植物

北极地区有大量种类繁多的植物，地衣是极地苔原最典型的植物，约有 3 000 种，苔藓有 500 多种，各种各样的开花植物则达 900 种之多。这些植物被覆盖在厚厚的冰雪下面，能够为驯鹿等动物提供食物。

北极的白花

极地花朵

极地地区有一些植物，在夏天气温升高时长得很旺盛，还能开出大型而鲜艳美丽的花朵，如北极地区的大勿忘草、仙女木、罂粟花等开着白色、黄色和红色的美丽花朵，迎风招展。

草原龙胆

草原龙胆又称洋桔梗，原产于北美，整株植物是灰绿色的，它的花朵大并且多数呈钟状，花瓣形态、颜色也多种多样，有单瓣、重瓣、卷边、粉色、白色、米色、深紫、紫红、大红、复色等，一些品种还带有香味。

草原龙胆喜欢温暖和阳光充足的环境，较耐寒，在干燥炎热的条件下也能生长良好。

草原植物

组成草原植物的种类相当复杂，就算极小的一个区域内也有许多不同的植物，如草甸、草本、灌木和野生花卉等。草原上盛产许多营养价值高、适口性强的牧草，是重要的牲畜放牧场。

草原上成片生长的青草就像大地的保护伞，它不但能制造氧气，而且还能保护土壤，减少风暴。

动物植物百科

可以食用的水生植物

水生植物和我们的关系密切。日常所吃的食物中,有许多便是来自水生植物的叶、茎及果实等。例如,米(水稻)、芋头、马蹄(甜荸荠)、空心菜、菱角、莲藕(荷花)等。

荷花的叶柄和茎是中空的,可以让水下部分获得充足的空气。

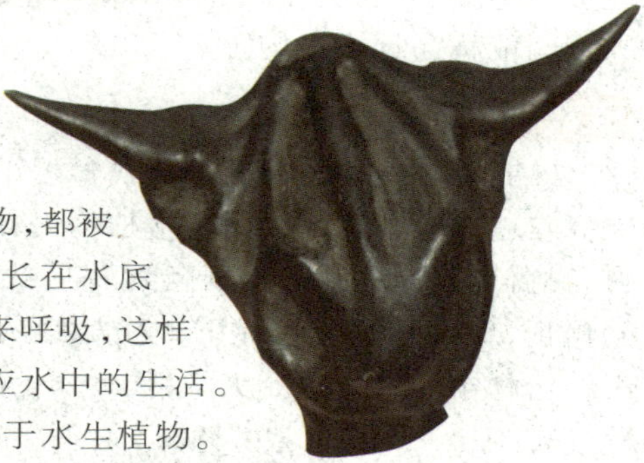

喜水的植物

凡是能适应水中生长环境的植物,都被称为水生植物。这类植物的根大多长在水底的淤泥里,但是叶子能浮到水面上来呼吸,这样特殊的形态结构,能够帮助它们适应水中的生活。我们常见的荷花、浮萍、水稻等都属于水生植物。

菱角

菱 角

菱是典型的水生植物,有"水中落花生"之称,它的果实叫"菱角",有尖尖的硬角,能保护自己不被鱼吃掉。菱角垂生于密叶下水中,必须全株拿起来倒翻,才可以看得见。

菱角能把刚刚出生的小幼苗固定在一个地方,免得它随水漂走。

109

千奇百怪——热带雨林植物

地处赤道地区的热带雨林，因为温暖的气候和充沛的雨量，孕育了种类繁多的植物，在这里，树木很高大、种类也很丰富，而且大树底下的各种草本、藤本、寄生等植物交错生长在一起，组成了庞大而神秘的雨林生物群落。

板状根

热带雨林中有一些奇特的参天大树，它们的主干高达50米，上下几乎一样粗细，但在树干基部会向四周长出3～5米的大木板似的板状根，看上去就像一道围墙，它支撑着巨大的树干，使耸立的参天大树能稳当地挺立向上。

藤本植物

热带雨林中有一种靠缠绕或攀援于其他树木支撑自己躯干的植物，叫藤本植物。它们通常都有长蛇似的身躯，从一棵树爬到另一棵，从下面爬到树顶，又从树顶垂挂而下，交错缠绕，好像是交织在密林中的一道道巨大蛛网。

热带雨林

老茎生花

在热带雨林中，经常能看见菠萝蜜、可可树等热带植物，它们的花和果实不长在枝头，而是长在主要的茎干或暴露在外的根部上，这就是热带雨林独特的生理现象——"老茎生花"。

菠萝蜜的花和果实不是长在枝头，而是生长在又老又粗的树干上。

动物植物百科

层次分明

热带雨林中的植物有着鲜明的层次感，它们有高有矮，上有以浓密的树冠遮天蔽日的高大乔木，下有从缝隙中寻找阳光的幼树和矮小植物，在接近地面的地方，还生长着蕨类、灌木、苔藓、菌类和藻类植物。

独树成林

热带雨林中的生存空间有限，有些树木在高度上竞争不过高大的乔木，它们就纵向发展，拼命地伸展树杈，在主干上生长根须，再扎入泥土，使一棵树变成一片树林，形成热带雨林里"独树成林"的奇景奇观。

绞杀植物

为了争夺空间和阳光，植物之间会展开激烈的生存竞争，热带雨林中的绞杀植物就是生存竞争的胜利者，它们常常缠绕在其他植物上生长，掠夺这些植物的营养和水，并渐渐将其勒死。绞杀现象也是热带雨林的重要特征之一。

榕树的绝活

独木成林是榕树的拿手好戏，在众多的榕树中，有 20 多种善长气根。初长的气根细如麻线，飘飘忽忽，宛若拂尘。待树高枝旺，数不清的气根顺着横枝垂吊而长，越长越长。部分气根扎入泥土，立地成树。

热带雨林也是野生动物们的天堂

为人类服务
植物的功能

植物的功能多种多样，它们可以满足人类的各种需求，无论是食用，或是建筑，或是制作物品，在人类的生活中四处都可以看到植物的身影和它们发挥的作用，因此从古代很早的时候起，植物就成为人类不可或缺的朋友。而到了现代，人类对植物的作用又有了新的认识，对植物也更加重视了。

植物中的栋梁——木材植物

人们制作坚固的房屋,美观实用的家具以及车、船、桥梁等,很多时候都要用木材,这类植物就是我们常说的木材植物。现在虽然有了水泥、钢铁和塑料,利用的木材比以前少了,但是制造其中的某些部件,还是离不开木材。

樟树

樟树又名香樟、乌樟、芳樟等,它是一种常绿大乔木,高可达四五十米。樟树树冠圆满,枝叶浓密青翠,树姿壮丽,是营造园林和防风林的理想树种。

杉木

杉木又名刺杉、沙木,是一种常绿乔木,树可高 30 米以上,树冠呈尖塔形。它的木材具有质地轻、木纹平直、结构细密、耐朽、易加工、不易受虫蛀等优点,可以供建筑、桥梁、造船、电杆及造纸等需用,是一种良好的用材树种。

台湾是世界上樟树分布最多的地方,从海拔 500～1800 米,形成特有的樟树带,占全岛面积的 2/5。

马尾松

马尾松别名松柏、青松,其树高可达 40 米,它是一种重要的用材树种,松木主要供建筑、包装箱、胶合板等使用。木材含纤维素 62%,脱脂后为造纸和人造纤维工业的重要原料。

柳树

柳树也叫杨柳,这里有个典故。隋朝的杨广登基称帝,号召臣民在新开的大运河两岸种植柳树,并亲自栽植,御书赐柳树姓杨,享受与帝王同姓之殊荣。从此,柳树便有了"杨柳"之美称。

杨树是世界上分布最广、适应性最强的树种。杨树的"杨"字写作繁体,由木和易两字组成,带有"易种之树"的含义,由此可见我们祖先造字的巧妙用心。

榆树"余钱"

榆树树干通直，树形高大，适应性强，生长快，是一种优良的绿化树种。榆钱是榆树的种子，因它的外形很像古时的钱币而得名，又由于它是"余钱"的谐音，因而就有吃了榆钱可以有"余钱"的说法。

榆树

杉木生长迅速，作为速生林已被大面积造林。

柳杉

柳杉是一种高大的常绿乔木，树冠高大，树干通直，高度可超过50米。它的木材纹理直，材质轻软，结构粗，是重要的材用树种，被广泛栽培。柳杉还是园林绿化树种，常植于庭院、公园或作行道树。

铁桦树

有一种铁桦树，它木质比橡树硬三倍，比普通的钢硬一倍，子弹打在这种木头上，就像打在厚钢板上一样，纹丝不动，所以，铁桦树成了世界上最硬的木材，人们把它用作金属的代用品。

侧柏

侧柏又名柏树、香柏，是一种常绿乔木，它的分布极广，自古以来常栽植于寺庙、陵墓地和庭院中。侧柏寿命长，树姿美，枝干苍劲，气魄雄伟，是我国应用最广泛的园林树种之一，它的木材可供建筑和家具等用材。

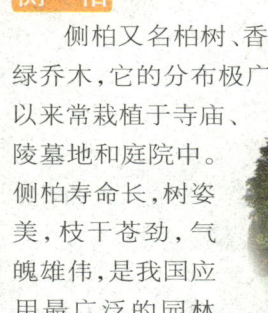

庄严、肃穆的陵园内常常可以看到四季常绿的侧柏。

不可或缺的植物——油料植物和纤维植物

油料植物和纤维植物是人类不可或缺的两种生产原料。油料植物可用来榨取烹饪必需的食用油,其中油菜、大豆、花生和芝麻并称为我国四大油料作物。纤维植物是纺织、造纸的重要原料,主要包括棉和麻两类,如棉花、大麻、亚麻、苎麻等。

大豆

大豆

大豆是黄豆、青豆、黑豆的统称,它们成熟后的豆荚会裂开,里面的种子就是大豆。大豆含油量很高,大豆油是人们重要的食用油,它消化率高,营养丰富,与动物油相比,胆固醇含量低,长期食用,可减少心血管疾病。

油菜

人们常吃的植物油除了豆油还有菜油,它是用油菜小小的种子榨出来的。油菜籽含油量比大豆还高,用它榨出来的油称为菜籽油,是人们主要食用的植物油之一,在中国,其消费量占全国食用油的1/3以上。

在电灯发明之前,菜油除了食用还能用来照明。

向日葵

向日葵为世界四大油料作物之一,它的种子富含油脂,其油量大约为48%～55%,不饱和脂肪酸的含量约为85%,其中含亚油酸65%、油酸23%。向日葵种子榨的油是一种极富保健作用的食用油。

向日葵茎、花盘可做饲料或工业原料。

动物植物百科

花　生

　　花生是我国最重要的油料作物之一，它的种仁内含有大量的脂肪和蛋白质，在植物油中，花生油品质最佳，除食用外，还可以用于工业。花生油粕可加工制成各种食品，也是家畜的良好饲料。

中国草

　　中国是苎麻的故乡，早在5 000多年前就有用苎麻织布缝衣的历史了，到18世纪以后它才被传至欧美各国。因此，苎麻在国际上又有"中国草"的称号。

有色棉花

　　棉花大多是白色的，但现在已出现了不少彩色的棉花。科学家们把不同品种和颜色的棉花进行嫁接和杂交，结果就得到各种有色棉花了。彩棉的棉纤维中带有天然的色彩，织成布做成衣服后，不掉色，无污染，深受人们喜爱。

花生

棉花不易吸附尘土，而且易于染色，是服装及其他领域的优良材料。

成熟后的亚麻茎秆由空心变成实心，里面含有亚麻纤维。

健康的保证——蔬菜植物

蔬菜是人们生活中不可缺少的营养食品,它含有人体必需的各种维生素、矿物质和纤维素,能保持人体的健康。我国自然条件复杂,是许多蔬菜种类的原产地,也是世界蔬菜生产大国,各类型的蔬菜应有尽有。

蔬菜的营养成分

科学家根据蔬菜所含营养成分的高低,将它们分为甲、乙、丙、丁4类。甲类蔬菜富含胡萝卜素、核黄素、维生素C、钙、纤维等,主要有菠菜、芥菜、雪里红等。乙类蔬菜通常又分3种,第一种含核黄素,包括所有新鲜豆类和豆芽;第二种含胡萝卜素和维生素C较多,包括胡萝卜、芹菜、辣椒、红薯等;第三类主要含维生素C,包括大白菜、包心菜、菜花等。丙类蔬菜含维生素类较少,但含热量高,包括马铃薯、山药、南瓜等。丁类蔬菜含少量维生素C,有冬瓜、竹笋、茄子等。

日本人把胡萝卜叫作"人参",和真的人参名称相混。

"第三面包"

欧洲许多地区把马铃薯当作主食,它有"第三面包"之称,还被称为"万能作物"。马铃薯可以用来制作淀粉、酒精、糊精、葡萄糖,也可制造橡胶、电影胶片、人造丝、香水等数十种工业品。

蔬菜中的水果

西红柿也称番茄、番李子、洋柿子,原产于南美洲,相传16世纪由英国公爵旅游时带到欧洲,也可能是从西部传入中国,所以称番茄。西红柿的果汁酸甜,富含维生素,可生吃、可炒菜、可榨汁、可做酱,人称"蔬菜中的水果"。

花 菜

花菜的花朵能被人们当做蔬菜食用，因其色泽白润，质地细嫩，煮食清淡可口而深受欢迎。现代科学研究证实，花菜含有蛋白质、脂肪、胡萝卜素、维生素A、B、C与矿物质钙、磷、铁、硒、钾、镁等人体内不可缺少的营养成分。

我们每吃一口花菜实际已经吞下了几百朵花，因为一颗花菜是由千千万万朵奶黄色的小花蕾组成的，它们密密地拥挤在一堆，形成了一个大花球。

穷人医生

欧洲历史上曾有种名叫"布哈尔夫糖浆"的药液，是用花菜汁液加上蜜糖配制而成的，用来治疗肺结核与咳嗽，疗效甚好，因价格便宜常被穷人选用，所以，花菜便有了"穷人医生"的昵称。

菜中皇后

洋葱是一种很普通的廉价家常菜，但营养价值很高，含有维生素B_1、C，胡萝卜素、尼克酸、硫化物及矿物质等，在国外素有"菜中皇后"之美誉。洋葱味道辛辣芳香，常用于各式菜肴的烹制调味，适口性好，加上它具有突出的防病保健功能，深受国内外人士的喜爱。

洋葱原产于中亚，在埃及消费历史超过5 000年，是一种古老的蔬菜，但在中国却是一种引进不过百余年的洋蔬菜。

胡萝卜

胡萝卜原产于欧洲,大约在元代时经由西域传入我国。由于我国古代把西域的民族叫作胡人,所以就把它称为胡萝卜。胡萝卜是一种营养价值很高的蔬菜,富含多种维生素和丰富的胡萝卜素,除了当蔬菜食用以外,它还可做成果菜汁,是清凉营养的饮料。

多用途的南瓜

在蔬菜作物中,南瓜可供食用的部分之多,是其他蔬菜无法比拟的。老熟瓜或嫩瓜可作为蔬菜食用;老熟瓜还可以瓜代粮,作为主食消费;南瓜嫩梢在沸水中烫漂后,可炒食;南瓜花可与鸡蛋一起炒食,是一道保健的佳肴;炒熟的南瓜子还可当零食。

南美洲人把老南瓜挖空后,作为盛牛奶和装粮食的器具;澳大利亚人喜欢把老南瓜锯开做成特殊的帽子。

冬 瓜

我们平时见到的冬瓜都是光溜溜的,其实它的表面原先长有许许多多短的刚毛,直到完全成熟被摘下来后,才慢慢脱落掉。

四季豆的荚果呈扁条形,它是一种富含蛋白质、淀粉和油脂的蔬菜,有绿色和紫红色两种。

豇 豆

豇豆富含蛋白质、脂肪、维生素和钙、镁、铁、锌等多种矿物质,是我国广大地区夏秋季的主要蔬菜之一。豇豆分为长豇豆和饭豇豆两种,长豇豆即我们说的长豆角,常作为蔬菜食用;饭豇豆可以和大米一起煮粥或制作豆沙馅。

空心菜

空心菜又名"应菜"或"蕹菜",是一种很像牵牛花的蔬菜,它的身体无法直立,只能在地上或水池边横行攀爬。空心菜全身绿色的茎如同一根根中空的管子,因此而得名。它主要的营养成分是维C、磷、钠及糖类等,多吃可降血压,治疗牙龈肿痛、流鼻血等。

茄 子

茄子是害怕低温的蔬菜，为了不让其水分蒸发，可将茄子装进塑料袋后用报纸包住，放入冰箱。

黄 瓜

黄瓜是一种常见的蔬菜，是汉代张骞出使西域时，经西方传入我国的。它嫩时为绿色，外皮上披有小刺，所含的蛋白酶有助于人体对蛋白质的消化吸收。

紫色茄子含有丰富的维生素 P，可软化微细血管，防止小血管出血，对高血压、动脉硬化患者有显著的治疗作用。

生 菜

生菜又名叶用莴苣，因为能生吃而得名，它原产于地中海沿岸，因为它能生食、炒食或涮锅，脆嫩无比，鲜美可口，具有食用保健价值，是欧、美国家的大宗蔬菜，颇受消费者青睐。

生菜品种繁多，可分为散叶生菜和结球生菜两个类型。

大白菜含有丰富的水分和维生素，它的栽培面积和消费量居各类蔬菜之首。

大白菜

大白菜很容易得根腐病，但韭菜根部分泌出来的杀菌素能对付根腐病的病菌，所以，有经验的人往往会将大白菜种到韭菜的身边。

清甜可口——水果

我们把那些可以吃的、含水分较多的植物果实统称为水果。新鲜的水果里含有丰富的维生素和多种人体需要的微量元素,是人体维生素C的主要来源,不仅如此,水果的味道还香甜可口,所以深受人们欢迎。水果的生产与气候有密切的关系,不同的环境生长出的水果是有差异的。

产量最高的水果

葡萄是世界上产量最高的水果,它成串生长,每一串能结几十颗甚至几百颗果实。在中国有300多种葡萄品种,其中最有名的是新疆吐鲁番产的无核葡萄,因吃起来不用吐核而得名,其口味清甜甘美,深受人们欢迎。

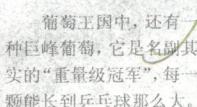

葡萄王国中,还有一种巨峰葡萄,它是名副其实的"重量级冠军",每一颗能长到乒乓球那么大。

含铁最高的水果

樱桃是人们十分喜爱的一种水果,它营养丰富,是各种水果当中含铁最高的,每百克鲜果肉中铁含量是同量山楂的13倍,苹果的20倍。铁具有促进血红蛋白再生的功效,因此,樱桃对贫血的人有一定的补益作用。

樱桃

瓜中之王

哈密瓜,古称甜瓜、甘瓜,它的含糖量在15%左右,形态各异,风味独特,有的带奶油味,有的含柠檬香,但都味甘如蜜,奇香袭人,饮誉国内外,素有"瓜中之王"的美称,在诸多哈密瓜品种中,以"红心脆""黄金龙"品质最佳。

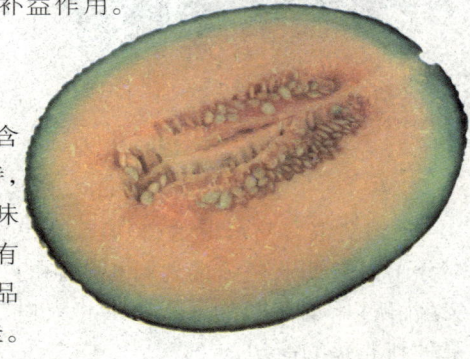

动物植物百科

椰　子

椰子是海南特有的水果之一，它的外形类似西瓜，果内有一个贮存椰浆的空腔，成熟时，里面贮有晶莹透亮而营养丰富的椰汁，清凉甘甜，可当饮料直接饮用。新鲜椰子肉质细嫩，椰汁较多，可以久放；老椰子椰肉清脆可口，椰子壳可用来制成工艺品。

罐头之王

菠萝是一种热带水果，原产于巴西，因果顶叶子有如凤尾，果肉香味似梨，也被称为"凤梨"。它除了当水果食用外，还被制成菠萝蜜饯、菠萝糖、菠萝果浆、菠萝饮料、菠萝酒、菠萝醋和菠萝色拉等，同时还被加工制成各种罐头，所以菠萝又有"罐头之王"的美称。

菠萝

桃子的剖面

"天下第一果"

桃是人们心目中福寿祥瑞的象征，在民间素有"寿桃"和"仙桃"的美称，在水果王国中，桃以其果形美观、肉质甜美被称为"天下第一果"。鲜桃营养价值很高，除了含有多种维生素和果酸以及钙、磷等无机盐外，它的含铁量为苹果和梨含铁量的4～6倍。

123

人工培育的植物——栽培植物

许多植物在野外自生自灭,它们经过人工培育后,具有一定生产价值,成为能适合人类需要的植物。栽培植物几乎包括所有种类的作物,有粮食作物,如水稻、小麦、玉米等;纤维作物,如棉花、大麻等;油料作物,如花生、油菜等;大多数的果树,如苹果、桃等;蔬菜作物,如白菜、萝卜等;还有各种观赏的花卉,如牡丹、君子兰等。

扶桑

扶桑又名朱槿、佛槿、大红花、扶桑牡丹。它拥有鲜艳夺目的花朵,朝开暮萎,姹紫嫣红,在南方多散植于池畔、亭前、道旁和墙边作观赏用,盆栽扶桑适用于客厅和入口处摆设。

扶桑是马来西亚和巴拿马的国花,又是夏威夷的州花,但它的原产地却在中国。

君子兰株形端庄典雅,叶片对称挺拔,四季常青,犹如一谦谦君子。

君子兰

君子兰原产非洲南部森林,是一种叶、花、果并美的奇异植物,由翠绿的剑叶托起火红的花团,花姿优美舒展,雍容潇洒华贵,花色艳丽多彩。君子兰常在冬春两季、圣诞节、元旦、春节期间放,给人以喜庆、吉祥的感觉,是高雅、富贵的象征。人们栽培它来观赏。

美人蕉

美人蕉原产美洲、印度、马来半岛等热带地区,因具有抗污染、花期长、易栽培、花叶俱美等优良特性而成为绿化常用花卉,在我国各地广为栽培。大花美人蕉、软瓣美人蕉、斑纹美人蕉、紫叶美人蕉等,都是常见的美人蕉栽培品种。

动物植物百科

甘蓝

甘蓝是一种可供人食用的草本植物,是欧洲、美洲国家的主要蔬菜,可炒食、煮食、凉拌、腌渍或制干菜,世界各地普遍栽培。在中国南方,甘蓝几乎四季栽培,生产上常因栽培季节不同分秋(冬)甘蓝、春甘蓝和夏甘蓝。

芒果中所含的甘酸有益于胃部,所以古时飘洋过海者多购买它以备旅途急用,防止晕船恶心。

芒果

芒果的果实椭圆滑润,果皮呈柠檬黄色,味道甘醇,是一种被人广为栽培的美艳水果。它的营养价值很高,维生素A、C,糖、蛋白质及钙、磷、铁等营养成分的含量都很高。此外,芒果还具有极大的药用价值,果皮、核仁及树叶均可入药,对多种疾病都有辅助疗效。

吊灯花在我国华南地区引种已有较久的历史,现已成为乡土树种。

甘蔗

甘蔗是人们喜爱的冬令水果之一,其含糖量十分丰富,除了用于食用还是制糖的重要原料,此外,它还可成为防病健身的良药,所以人们大面积栽培它。甘蔗属于热带、亚热带作物,具有喜高温、需水量大、吸肥多、生长期长的特点,在我国南方一些水热条件较好的河谷平原、三角洲有大面积种植。

125

美的享受——观赏植物

人们对一些花色美丽、形状奇特的植物进行专门的培植,用来供人观赏,称为观赏植物。观赏植物不但能营造绿色的居室环境,还能使室内空气清新宜人。除花卉外,观赏植物中叶形和叶色比较独特的称为观叶植物,果实的形状和颜色较为独特的称为观果植物。除人工培植的观赏植物外,还有一些野生植物也具有很高的观赏价值。

吊 兰

吊兰是一种很常见的常绿观叶植物,它的叶丛中会抽出细长的枝条,枝条柔韧下垂,在顶端还会萌发出新的嫩叶,非常优美。吊兰的种类很多,其中的大叶吊兰的株型较大,叶片较宽大,叶色柔和,属于高雅的室内观叶植物。

印度橡皮树

印度橡皮树又称橡皮树、印度榕树,原产于印度,现在我国各地多有栽培。它是一种热带常绿大乔木植物,长椭圆形或矩圆形的叶子宽大而有光泽,四季葱绿,可盆栽观赏,常用于宾馆、饭店美化环境。

彩叶草

彩叶草又名锦紫苏,原产印度尼西亚爪哇,因叶子的绚丽多彩而闻名,是目前常见的室内观叶植物。盆栽彩叶草不仅是窗台、室内绿化的佳品,也是配置露地花坛的理想植物。

栽培彩叶草需要一定的阳光,在光照过弱时,它的叶色即会变淡变绿。

佛 手

佛手是一种常绿小乔木,有时也长成灌木状,它的果形奇特,果实呈卵状或长圆形,果顶开裂呈瓣状,果皮发皱,果肉坚硬而木质化,有浓郁的香味,是一种名贵的观果植物,置于室内的窗台、案几上以装饰点缀。

金　橘

金橘又称金柑、金钱橘，是一种常绿灌木，细枝密生，叶小而厚，在秋季它结出圆形的小果，有光泽，成熟时为金黄色或橙红色，绿叶丛中呈现无数佳果，十分漂亮。人们将金橘视为"吉利之果"，喻意吉利祥和、兴旺发达。

紫罗兰

紫罗兰是一种盛开在五六月间，成鞋钉状的花卉。这种花的香气逼人，虽然属于野生植物，但是园丁特别喜欢把它种在窗台下，主要是希望它能把芬芳的香气带进屋子里。

栀子花

栀子花又名栀子，是一种常见的野生花卉，它叶色四季常青，每年端午节前后开花，花色洁白，花朵稠密，花香四溢，显得清丽可爱。有些地方也把它叫作"水横枝"或"玉荷花"。

常春藤

常春藤又称洋常春藤、长春藤，是一种常绿的藤本植物，它的茎上有许多气生根，具有很强的攀援性，容易吸附在岩石、墙壁和树干上生长，可作攀附或悬挂栽培，是室内外垂直绿化的理想材料。

常春藤

 缤纷的植物王国
千奇百态的植物

在热带森林里，你会看到各种姿态的植物，它们有的高耸入云，有的匍匐在地表，有的缠绕在树枝之间，有的漂浮在水面之上，总之，为了生存，植物都在尽力改变着自己，以适应环境。在寒带针叶林里，生长缓慢的松树十分低矮，它们还保持着一些几千万年前就具有的特征。这些就是多姿多态的植物世界。

与众不同——食虫植物和寄生植物

我们都知道植物是依靠光合作用制造自身所需的营养物质而生存的,但是也有一些植物并不能进行光合作用,或者靠吸收其他植物的养分来生存,食虫植物和寄生植物就是这样一种植物。

奇妙的食虫植物

"食虫植物"跟一般需要水、阳光、土里养分就能生长的植物不同,食虫植物一般生长在没什么养分的土地上,它们为了补充营养的不足,便捕捉分解小昆虫,来补充土壤中矿物质的不足。

猪笼草

生活在热带地区的猪笼草是所有食虫植物中最为精巧奇妙的,它的捕食全靠自身奇特的叶子。它的叶子末端为有盖的瓶状,其瓶口十分光滑,瓶子里有能够分泌的腺体。受花蜜吸引的昆虫,触到瓶壁的蜡质时,会滑到瓶底,被猪笼草消化、利用。

猪笼草

捕蝇草叶子的外侧生有一排刺毛,对外界的触及反应非常敏感。

捕蝇草

捕蝇草的叶子在中间形成折叠着的形状,虫子只要两次接触叶子,叶子就会在不到 1 秒的时间里迅速合上,被捉到的虫子就被捕蝇草的消化液消化掉了。

毛毡苔

世界上有 90 余种毛毡苔类食虫植物，它们利用叶片上众多细毛分泌出带黏性和甜香味的黏液，粘住落在上面的蚂蚁或蝇类，然后叶片卷起，捕捉并消化食物。

毛毡苔爱吃蛋白质，不爱吃油脂，如果把一小块肥肉放在上面，几天都不会被消化掉。

寄生植物

绝大多数植物都是依靠自身的光合作用生存的，但有一部分高等植物却过着不劳而获的寄生生活，它们从不制造或很少制造养料，却从另一些植物身上吸取营养。其中，得益的一方称为寄生植物，受害的一方称为寄主植物。

菟丝子

菟丝子是一种漂亮的寄生植物，它开出一朵朵乳白、淡黄的花就像一顶顶小伞一样，美丽又可爱。菟丝子因为没有叶子不能进行光合作用，所以自己不能制造有机物。不过，它能依靠自己的枝茎来接触其他植物，充分地吸取其中的水分和营养以满足自己的生活所需。

菟丝子的种子具有补肝肾及止泻的功效

桑寄生

桑寄生寄生在桑树、栎树、华树、杨树、柳树、榆树、苹果树等树木上，从寄主树干中吸取水分和无机盐，自己制造各种有机物，这种寄生方式叫做半寄生。

桑寄生对空气污染极为敏感，它可以成为一种空气污染指示植物。

植物界的"杀手"——有毒植物

广泛分布在自然界的植物是自然不可缺少的一部分,它们与人们的生活息息相关,不仅提供给人类食物,同时也是重要的工业原料。但植物自身的化学成分复杂,其中有很多是有毒的物质,植物主要通过皮肤接触传播毒素,人若不慎接触到,可能会引起很多疾病甚至死亡。

闹羊花

闹羊花别名黄杜鹃,外表看上去是一种颜色鲜艳的黄色喇叭花,其实它是一种麻醉性毒草,羊吃后呈现酒醉状,口吐白沫,步行不稳,不断惊叫,全身痉挛,所以又称"羊踯躅",严重的还会引起死亡。

在闹羊花的花尚未开放之前,或花落后,它的嫩芽或枝叶易和青草混淆。

因为夹竹桃的吸尘能力特别强,所以被大量栽种在道路两边。

水仙

水仙的所有部位都有毒,特别是球茎,里面含有拉丁可毒素,误食后会引起头痛、恶心和痢疾等中毒症状;另外,水仙的叶和花的汁液还可使皮肤红肿。

曼陀罗

曼陀罗又叫醉仙桃,它在夏季开花,花朵为纯白色,筒状,花冠是漏斗形的,像一只小喇叭。漂亮的曼陀罗全株都有毒,种子毒性最强,一不小心碰到它们就会引起中毒。

夹竹桃

夹竹桃在夏天开花,花色为桃红色或白色,它的树皮、树叶和花均有毒,误食后会引起恶心和眼花。如果燃烧它的枝叶,烟雾也含有毒性,有致死的可能,但不食用没有任何害处。夹竹桃虽然有毒,但它不会放出毒气。

动物植物百科

箭毒木

箭毒木是一种高大的树木，它的杆、枝、叶子等都含有剧毒的白浆，可以涂在箭头上杀死野兽，这种毒汁能在3秒内让野兽的血液凝固并死亡，如果不小心将此液溅进眼里，可以使眼睛顿时失明。因此，有人将之称为"死亡之树"。

风信子

风信子又称洋水仙，它在秋季开花，花色丰富，花姿美丽，是著名的球茎花卉，它的花除了供观赏外，还可提取芳香油。这种外表美丽的植物却是一种有毒植物，误食后会造成胃部抽筋、上吐下泻的症状。

风信子象征着纯洁、美丽、聪明、高尚。

万年青

万年青又名冬不凋草等，因为叶子终年常绿，红果经冬不凋而得名。在我国民间，代表着万古长青、吉祥如意的意思，这种植物根部毒性很强，枝叶中的液体内含有毒生物碱，触及人的皮肤会引起皮炎，如果误食，还会引起口腔肿痛。

秋海棠

秋海棠又叫相思草，古称八月春，它不仅色彩艳丽，而且花形多姿，是著名的观赏花卉。这种植物含有酸味，食用会引起恶心，严重的还会导致死亡。

秋海棠类都有毒

罂 粟

罂粟是一种艳丽的有毒植物，它开红色的花，却有着黑色的花蕊。罂粟未成熟的果实中有一种与众不同的乳汁，割取干燥后就是"鸦片"，为一种毒源植物，可以提取鸦片、海洛因等毒品。所以，罂粟也被称为"有毒植物之王"。

罂粟花很漂亮，却是制作鸦片的原料。

自我保护——植物的防卫与伪装

生物界是一个弱肉强食的世界，相形于植物，动物似乎更鲜活、更生动、更自由也更安全，因为它们不但可以四处活动、逃离伤害，而且还想吃什么就吃什么，但生活相对固定的植物却毫无还手之力。其实，柔弱的植物在几亿年的生物进化中也找到了一种自我保护的有效方法，它们在受到侵害时，也会像动物那样懂得自卫和伪装。

玫瑰的尖刺

玫瑰等许多植物在枝条上生有尖刺，可以避免其他动物侵吞它们的身体，这是一种常见的自我保护的方法。

玫瑰

皂荚树的树身长有密密麻麻的刺，使牲畜无法靠近。

一举两得

大王花的花朵会散发出腐尸般的恶臭，人和动物闻到以后，都会纷纷躲避，但是这种臭味却能吸引小昆虫前来传花授粉，真是一举两得。

金合欢

金合欢树在动物舌卷它们的枝叶时，能够产生一种化学物质，刺激邻近的金合欢树分泌出一种吃起来带恶臭的化学物质，让嚼食者放弃它们。

金合欢以金黄色的头状花序博得了澳大利亚人的喜爱，被誉为国花。在这个国家的街道、庭院、广场、建筑物的周围，到处都是用金合欢栽成的行道树或绿篱，显得十分幽静、美丽。

毒蛇草

在我国的喜马拉雅山中，生长着一种奇草，它的叶子像眼镜蛇在昂首远望，当地人称其为"毒蛇草"。它伪装成眼镜蛇的模样可以蒙骗吃草的动物，让它们以为碰上了毒蛇而不敢轻易吞食。

生石花

南非的生石花常常生长在布满鹅卵石的石滩上，它短短的茎呈球状，肉质肥厚，两片对生联结成为倒圆锥体，顶部近于卵圆形，略微突起，极像一块块鹅卵石，这样出色的模拟本领让它避免了许多外界伤害。

中间有一条缝隙，球茎从对生的茎体的缝隙中开出金黄色花朵

荨麻的化学武器

荨麻是一种不好惹的植物，它不仅有刺，而且有毒。当动物从它身边擦肩而过时，棘刺会刺进动物的皮肤并释放出毒素，使其身上长出皮疹，让其奇痒难忍。

美丽的有毒植物荨麻

桃树的黏液

桃树能分泌出桃胶，这也能起到自保的作用，当那些喜欢偷吃桃树汁的蚜虫爬过来时，常常会被桃胶粘住，就像被绳子牢牢捆住一样，再也跑不动了。

可以分泌黏液的桃树

刺槐树为蚂蚁提供了适合的生活环境，蚂蚁为了保护自己的食物和住所，就会对来吃刺槐树叶的动物展开攻击。

国家的代言——国花和国树

几乎每个国家都有自己的国花或者国树，同一种花有的也被作为几个国家的国花。花卉或树木的产地、栽培历史以及经济价值或是国民的偏好都可成为各国对国花或国树的选择标准。那么这些被选为国花或是国树的植物究竟代表着怎样的内涵或象征意义呢？让我们去看看吧！

俄罗斯国花

向日葵全身是宝，把自己无私地奉献给人类，它的花盘能随着太阳而转动，能够给人带来美好和希望，用它做国花有向往、追求光明，厌恶黑暗之意，俄罗斯人民热爱向日葵，并将它定为国花。

法国国花

法国首都巴黎有"花都"的美誉，莺尾被视为该国的国花。相传法兰克王路易·克洛维斯接受洗礼时，上帝送给他的礼物就是金百合花，法文的百合花与"路易之花"发音相近，它代表了纯洁和尊贵。其实，这里所说的金百合花就是香根莺尾。

希腊国花和国树

因为橄榄象征大方淳朴，而且西方人一向以橄榄叶象征和平，所以希腊人为了崇尚和平，就取橄榄花为国花，并以油橄榄作为希腊的国树。油橄榄与希腊人民心目中的神圣女神雅典娜是分不开的。该树记述着希腊人民追求和平的历史，提醒人民珍惜来之不易的和平生活。

橄榄花

动物植物百科

加拿大国树

加拿大的国树是枫树。加拿大的国徽以枫叶为设计图案,其国旗也印有红色的枫叶,加拿大素有"枫叶之国"的美称。早在1860年,枫叶正式成为加拿大的标志,但是直到1996年,枫树才正式由官方宣布成为加拿大的国树。

印度国树

菩提树又名觉树、思维树,是原产于印度的一种常绿大乔木。菩提是梵文的音译,意思是觉悟或大智慧,该树因释迦牟尼于此树下悟道苦修成佛而得名,信奉佛教的佛门弟子把它奉为圣树,印度将其奉为国树。

菩提树只适于长在热带和亚热带,在我国南方很多寺院较常见,北方的气候冷,不适宜栽种菩提树。

泰国国树

桂树是泰国的国树,它会开出一串串下垂的金黄色小花,像挂着一串串金锁链一样,因为花谢时像乱雨纷飞,所以有"黄金雨"之称。根据泰国的传统,种植桂树会带来幸福、成功和财富,在2001年,桂树被选为泰国的国树。

茂密的桉树林

澳大利亚的国花和国树

在澳大利亚,许多居民的庭院都是用金合欢来做刺篱。花开时节,花篱似一金色屏障,带着浓郁的花香,让人陶醉。它被选为澳大利亚的国花。桉树是澳大利亚人最喜欢的植物之一,并被视为澳大利亚的象征,它被定为澳大利亚的国树。

植物最美的部分——花

对一株植物来说，花通常是最美丽的一部分，不仅如此，它还肩负着植物传宗接代的重要任务，植物开花的目的正是为了繁殖后代，产生种子。在这个过程中，传粉对花儿来说是最重要的，每当这个时候，自然界的许多动物"朋友"都会前来帮忙。

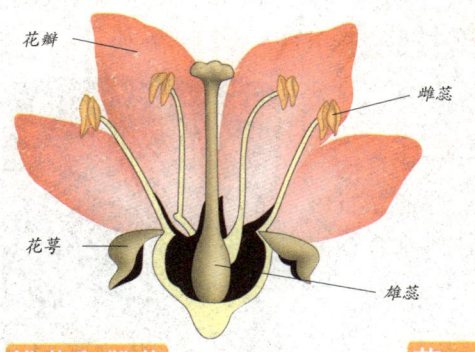

花的结构

花儿有很多种，但大体结构都是相同的，主要由花瓣和花蕊组成。其中，花蕊包括雄蕊和雌蕊，雄蕊上带有花粉，雌蕊包括柱头、花柱和子房三部分，位于雌蕊顶部的柱头，是用来承受花粉的；花柱是花粉进入子房的通道；子房则是产生种子的地方。

雄蕊和雌蕊

成熟的雄蕊能产生花粉和精子，而成熟的雌蕊中的胚珠里有卵细胞。它们经过传粉和受精，才会发育出胚，成长为新一代的植物。

花药

花药是雌蕊顶端膨大的部分。一个成熟的花药通常分成两瓣，每一瓣是一个花粉囊，它就像一个花粉工厂和仓库，担负起制造和贮存花朵的使命。

菊花的头状花序

花序

一株植物可以开一朵或许多朵花，如果许多小花按照一定顺序排列在花枝上，就叫花序。

花粉的传播

花粉的传播方式有很多，但都要借助外来媒介的力量来帮忙。有些是通过蝴蝶、蜜蜂等昆虫来传播花粉的，称为"虫媒花"；有些利用风来传播，称为"风媒花"；有些是靠水来传播花粉的"水媒花"；还有的植物是靠鸟来传播花粉的。

杨树的花瓣已经退化，让雄蕊几乎全部暴露在风中，它借助风力传播花粉，能减少许多阻碍。

虫媒花特点

虫媒花的主要特点是花朵大，花瓣常常有鲜艳的色彩、芬芳的香气，有的还能分泌出甜美的花蜜来。

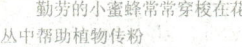

勤劳的小蜜蜂常常穿梭在花丛中帮助植物传粉

风媒花特点

风媒花又小又不鲜艳，没有四溢的香气也没有花蜜，但是它的花粉又轻又细，数量极多，适应风力传播。

花的用途

花儿在人们的生活中处处显出自己的价值。比如宜人的花香使人心情愉快，还可抑制某些病菌的生长；花中的蛋白质、维生素C的含量很高，食用极有营养，还有美容护肤的作用。此外，美丽的鲜花还可送人表达温馨的祝愿。

保健的花粉

花粉的营养价值很高，富含蛋白质、碳水化合物、维生素、氨基酸等多种物质，它的蛋白质含量超过大豆，氨基酸含量是牛肉的 5～7 倍。

美好的象征——花卉拾趣

花卉是人类在大自然中最亲密的朋友,它不但可以净化空气、美化和改善自然环境,而且在供人欣赏时,能陶冶人的性情,让人获得美的享受。人类赋予了这些美丽的"朋友"以各种丰富的想象,把它们与日常生活融到一起,形成了许多趣闻、趣事。

花卉与开花时节

一月:水仙;二月:梅花;三月:桃花;四月:牡丹;五月:芍药;六月:玫瑰;七月:荷花;八月:凤仙;九月:桂花;十月:芙蓉;十一月:菊花;十二月:茶花。

以数字命名的花卉

许多花卉是用数字来命名的,我们可以从一数到十到百到千。如一串红、二至花、三色堇、四季海棠、五彩石竹、六月雪、七里香、八仙花、九重葛、十样锦、百日草、千日红、万寿菊。

报春花

春冠名的花卉

以春冠名的花卉很多,它们都在春天开放,如:春兰、春花子、春白菊、春花、春羽、春雷、春星花、春番红花、春黄熊菊、迎春花、报春花、小春花、长春花、长春藤、早春花、早春杜鹃、回春橙等。

与花有关的电影奖

在世界各国的电影奖中,有一些是带花意(名)的,例如中国的百花奖、印度的金荷花奖、保加利亚的金玫瑰奖、法国的金棕榈奖等。

动物植物百科

秋海棠

花与星座

如今很多人都喜欢星座,但你可知道每个星座都有其对应的幸运花。如牧羊座——木槿;金牛座——矮牵牛;双子座——玫瑰;巨蟹座——洋桔梗;狮子座——向日葵;处女座——大理花;天秤座——波斯菊;天蝎座——秋海棠;射手座——蝴蝶兰;摩羯座——满天星;水瓶座——玛格丽特;双鱼座——郁金香。

中国的民间花历

一月:梅花;二月:杏花;三月:桃花;四月:牡丹花;五月:石榴花;六月:荷花;七月:玉簪花;八月:桂花;九月:菊花;十月:兰花;十一月:水仙花;十二月:腊梅花。

花中"十八学士"

自古以来山茶花与梅、桃、虎刺、吉庆、枸杞、杜鹃花、翠柏、木瓜、蜡梅、天竺、罗汉松、西府海棠、凤尾竹、紫薇、石榴、六月雪、栀子花组成了花中"十八学士"。

花中十二友

芳友——兰花;清友——梅花;奇友——腊梅;殊友——瑞香;佳友——菊花;仙友——桂花;名友——海棠;韵友——茶花;净友——莲花;雅友——茉莉;禅友——栀子;艳友——芍药。

国外送花的禁忌

送花是一种表达感情的绝佳方法,但在国外,送花是有禁忌的,如给中年人送花不要送小朵;不要给年轻人送大朵大朵的鲜花;在俄罗斯若送鲜花的话,记住一定要送单数,因双数被视为不吉祥。此外,法国忌用核桃花;日本忌用荷花;意大利忌用菊花。

芙蓉花

植物之最——植物界的吉尼斯

植物世界也有属于自己的记录,无论是低等植物还是高等植物,也无论是草本植物、木本植物还是花卉,它们在各自的领域范围里,都有最大、最高、最胖、最重、最轻、最毒等先锋植物,这些植物的存在,为植物大家庭增色不少。

百骑大栗树

在欧洲有这样一个有趣的传说:古代阿拉伯国王和王后,一次带领百骑人马,到地中海西西里岛的埃特纳山游览,忽然天下大雨,百骑人马连忙躲避到一颗大栗树下,树荫正好给他们遮住雨。因此,国王把这颗大栗树命名为"百骑大栗树"。

最高的树

澳洲的杏仁桉树是目前世界上已知树木当中最高的,它们的高度一般都在100米左右,最高的一株,竟高达156米,几乎相当于五十层楼的高度。鸟在树顶上歌唱,在树下听起来,就像蚊子的嗡嗡声一样。

最粗的树

据国外1972年报道,在西西里岛的埃特纳山边,有一颗叫"百马树"的大栗树,树干的周长竟有55米左右,需30多个人手拉着手,才能围住它。树下部有大洞,采栗的人把那里当宿舍或仓库用。这的确是世界上最粗的树。

长得最快的植物

中国江南有一种毛竹,在春笋出土开始拔节的时候,一天一夜可以长高1米,平均每分钟大约可以长高2毫米,有时甚至能听到它生长时拔节的响声,堪称长得最快的植物。

最短命的植物是生长在沙漠中的十字花科植物,它们只能活短短的三个星期。

花最小的树

花最小的树是无花果。我们常说无花果,其实属有花果,只是它的花要用显微镜才能看得清楚。

寿命最长的植物

龙血树因为流出来的树脂是暗红色的而得名,这种树主要产于非洲,它们的寿命一般在2 000年左右,有的能活五六千年,还有的甚至能活8 000年,它是世界上寿命最长的植物。

最轻的树

最轻的树是巴尔萨树,它属木棉科植物,分布在南美洲的厄瓜多尔沿海丘陵地带,每立方厘米0.9~0.21克,在世界上近40万种植物中,是最轻的一种树木。

最重的树是黑黄檀,1立方米的黑黄檀木材干重达1 100多千克。

最胖的植物

猴面包树又叫"波巴布树",因为它香甜的果实猴子爱吃而得名。这种树生长在非洲热带草原上,身高10~20米,但是,它的直径却有10米,远远看去就像一座房子,被人们称为世界上最胖的树。

猴面包树的树干里储藏着大量的水分,干旱的时候,狮子、斑马等都爱到它的树洞里休息,呼吸湿润的空气。

图书在版编目(CIP)数据

动物植物百科 / 黄炜主编. —天津：天津科学技术出版社，2012.3（2019.6重印）

（中国青少年百科全书）

ISBN 978-7-5308-6864-5

Ⅰ.①动… Ⅱ.①黄… Ⅲ.①动物—青年读物②动物—少年读物③植物—青年读物④植物—少年读物 Ⅳ.①Q95-49②Q94-49

中国版本图书馆CIP数据核字（2012）第047051号

动物植物百科
DONGWU ZHIWU BAIKE

责任编辑：郑　新

出　　版：	天津出版传媒集团
	天津科学技术出版社
地　　址：	天津市西康路35号
邮　　编：	300051
电　　话：	（022）23332674
网　　址：	www.tjkjcbs.com.cn
发　　行：	新华书店经销
印　　刷：	三河市燕春印务有限公司

开本 700×1000mm 1/16　印张 9　字数 150 000

2019年6月第1版第3次印刷

定价:29.80元